Premières N

d'Histoire Naturelle

et d'Économie domestique

autographiées

Pour exercer à la lecture des manuscrits

contenant les notions les plus essentielles

1º sur la Culture et l'Emploi du blé
2º sur les Arbres, les Arbustes et les Plantes
3º sur les Animaux sauvages
4º sur les Animaux domestiques

Ouvrage autorisé

Par le Conseil royal de l'Instruction publique

Paris

Chez L. Hachette

Libraire de l'Université royale de France

Rue Pierre-Sarrazin, 12

1844

Avis.

La Bibliothèque manuscrite des Écoles primaires se compose de quatre parties :

1ʳᵉ partie : *Choix gradué de 50 Sortes d'Écritures;*
2ᵉ partie : *Premières notions d'Histoire Naturelle et d'Économie Domestique;*
3ᵉ partie : *Histoire Sainte et Histoire de N.-S. Jésus-Christ;*
4ᵉ partie : *Manuel Épistolaire ou Lettres choisies de grands Écrivains et de personnages célèbres.*

La 2ᵉ partie de la Bibliothèque manuscrite, comprenant les premières notions d'Histoire Naturelle et d'Économie Domestique, se compose des quatre cahiers suivants :

Nᵒ 1. *Culture et Emploi du blé;*
Nᵒ 2. *Arbres, Arbustes, Plantes;*
Nᵒ 3. *Animaux sauvages;*
Nᵒ 4. *Animaux domestiques.*

Les quatre cahiers se vendent réunis ou séparés :

Les quatre cahiers réunis, 1 volume in-8°, cartonné. Prix . . . **1 fr. 50 c.**
Chaque Numéro séparé. La douzaine. Prix . . . . **4 fr. 50 c.**

Tout exemplaire non revêtu de ma griffe, sera réputé contrefait.

L. Hachette

Imprimerie Panckoucke, rue des Poitevins, 14.

N° 1.
Culture et emploi du Blé.

Introduction.

Le pain, notre principale nourriture de tous les jours se fait avec de la farine. Cette farine est une poudre plus ou moins blanche, plus ou moins fine, que l'on se procure en écrasant le grain du blé. Le blé est une herbe que l'homme cultive pour se nourrir; l'homme est obligé de la cultiver parcequ'elle ne pousse pas d'elle-même sans aucun soin, comme l'herbe des prairies que broutent les bœufs, les moutons et autres animaux. Pour que le blé devienne fort et porte beaucoup de grains, il faut que la terre soit remuée, réduite en poudre grossière avant d'y jeter la semence; cette herbe précieuse, durant toute sa croissance, depuis le moment où elle commence à germer, jusqu'à l'époque de la maturité du grain, exige du travail, des soins, c'est ce qu'on appelle cultiver. On nomme Cultivateur, Agriculteur (a) celui qui s'occupe des travaux des champs. Ce métier, cet art, l'agriculture, est le premier que Dieu a révélé aux hommes. Cette profession est la plus ancienne et la plus nécessaire. Anciennement le métier de laboureur était très honoré, on a vu des Rois, des Princes et des généraux qui ne dédaignaient pas de tenir le manche de la charrue. Notre bon roi Henri IV a protégé et encouragé l'agriculture. Olivier de Serres a écrit dans ces temps le premier livre d'agriculture, et Henri IV s'en faisait lire un chapitre tous les jours.

Lorsqu'on parle d'une seule sorte de grain et qu'on dit:

(a) Le fermier est celui qui prend des terres à ferme, c'est-à-dire à loyer, pour les cultiver.

voici du blé, l'on désigne le grain qui donne le meilleur pain, la semence du froment ; mais lorsqu'on dit : les blés, on comprend plusieurs espèces de grain, dont la farine entre dans la fabrication du pain. Les plantes qui fournissent ces grains sont le plus communément le Seigle, l'Orge, l'Avoine, le Maïs ou blé de Turquie, le Riz ; on y ajoute le Sarrasin ou blé noir. On désigne ces plantes sous le nom de céréales. Les payens avaient fait une déesse de Cérès, à laquelle ils attribuaient l'invention de la charrue. Toutes les plantes qui donnent des grains se ressemblent par la figure des feuilles, de la paille ou tige, et forment un assemblage auquel on a donné le nom de famille ; parce qu'elles ont un air de parenté qui permet de ne pas les confondre avec d'autres. Cette famille a reçu la dénomination de famille des graminées ; c'est le gramen ou chiendent qui lui a donné son nom. Le chiendent est une mauvaise herbe dont la racine longue et sucrée sert à faire de la tisane, et souvent embarrasse la charrue. Cette famille ne contient qu'une seule herbe malfaisante, l'ivraie, le mauvais grain dont il est parlé dans l'Évangile. Le roseau dont on fait des quenouilles est une graminée, aussi bien que la canne à sucre. Le meilleur foin est un mélange d'herbes dont la plus grande partie est de la famille des graminées. Cette famille est une des plus nombreuses et des plus utiles ; elle est de même la plus répandue. Il n'existe point de pays sur la terre où l'on ne trouve un nombre plus ou moins grand de graminées.

Le Laboureur.
1re Leçon.

Cet homme en blouse qui est au milieu des champs et qui suit la charrue en s'appuyant sur les cornes ou manches, c'est le laboureur. Il tient d'une main les guides des chevaux qui tirent la charrue, ou bien un long bâton pour piquer les bœufs. Quelquefois les bêtes sont conduites par un enfant de dix à douze ans pour qu'elles ne quittent pas la raie. La charrue est la plus précieuse, la plus importante de toutes les machines, de toutes les inventions que l'homme a faites pour augmenter sa force, diminuer sa peine et faire plus de besogne en moins de temps; ainsi avec la bêche, qui est un instrument simple, il pourrait, à force de bras, creuser une raie et retourner la terre comme font les Jardiniers; mais il lui faudrait beaucoup de travail et de personnel; ou bien, il mettrait trop de temps. On ne connaît pas le nom de celui qui le premier a fait usage de la charrue; l'invention en remonte aux temps les plus anciens. On remarque, dans une charrue, plusieurs parties ou pièces qui ont chacune un emploi; le coutre est une espèce de lame de couteau qui ouvre et fend la terre; le soc est un couteau pointu qui s'enfonce dans l'ouverture faite par le coutre, coupe la terre en tranches qu'il soulève, l'oreille ou le versoir reçoit la tranche de terre coupée qui glisse sur la courbure et se trouve retournée sens dessus dessous. Le cep est un morceau de bois plat garni en fer dessous et auquel sont attachés le soc et le versoir ou l'oreille. Toutes ces pièces sont fixées à une longue perche en bois qu'on nomme la flèche. Les manches ou cornes sont deux montants en bois un peu courbés qui sont au-dessus et derrière le cep; ils servent au laboureur pour tenir la charrue dans une même direction et faire un sillon droit, il s'en sert aussi pour soulever le soc et le faire sortir de terre. Les pièces que je viens de vous nommer formeut, étant assemblées, la charrue la plus simple, celle qu'on nomme araire. La charrue la plus usitée en france est avec avant train ; cet avant train consiste en deux roues portées sur un essieu et quelquefois l'une des roues est plus petite que l'autre ; sur l'essieu est placé un montant surmonté de deux montants et qu'on nomme la sellette, qui est destinée à soutenir la flèche à une hauteur plus ou moins grande ; le limonier tient aussi à l'essieu, d'un côté il reçoit une ou plusieurs chaînes qui le joignent à l'araire ou arrière train ; à l'autre côté est accroché l'épars, qui tient de chacun des bouts par des crochets en fer aux deux palonniers auxquels sont attachés les traits des chevaux. Lorsqu'on se sert de l'araire, on attache l'épars à la flèche

Du Labourage.

Labourer un champ, c'est tracer dans la terre avec la charrue des raies creuses ou sillons, et retourner la terre pour l'exposer à l'air et à la pluie. On laboure aussi pour diviser la terre, enterrer les mauvaises herbes et le fumier. La terre réduite en poudre est ameublie, plus légère, les grosses mottes sont brisées et alors les racines de la plante y pénètrent et s'enfoncent pour chercher leur nourriture. Le laboureur qui tient les cornes maintient la charrue droite ; on donne au sillon une profondeur plus ou moins grande en faisant entrer le soc plus ou moins avant dans la terre ; lorsque le laboureur est arrivé au bout du champ, il retourne la charrue pour recommencer une autre raie. On emploie pour tirer la charrue, des chevaux ou des mulets, des bœufs et des vaches ; les chevaux sont plus vite que les bœufs, ils font plus d'ouvrage en un jour ; les bœufs sont plus forts, plus lents et plus patients, plus faciles à conduire, mais il faut les accoutumer de bonne heure à ce travail, ils supportent la fatigue plus longtemps ; ils coûtent moins à nourrir, donnent plus de fumier, et lorsqu'ils ne peuvent plus servir au labourage, on les engraisse pour les vendre au boucher. Dans les pays pauvres on voit plus généralement les bœufs attelés à la charrue. Les bêtes tirent plus ou moins suivant que la terre est sèche ou dure.

Diverses sortes de terres

Il y a plusieurs espèces de terres ou de terrains ; on les distingue en terres fortes ou froides, terres légères ou chaudes ; les premières sont dures, étant sèches, difficiles à couper, la charrue les lève en grosses mottes ; elles se mouillent lentement, mais à mesure qu'elles s'humectent, elles forment une pâte qui s'attache aux pieds, c'est ce qu'on nomme terres argileuses, parce qu'elles contiennent beaucoup d'argile ; cette substance avec laquelle on fait des pots, des briques, de la faïence, retient l'eau avec force, se dessèche difficilement ; étant mouillée, elle est douce et se pétrit entre les doigts ;

lorsque des terres de cette sorte se dessèchent, elles se durcissent en elles se fendant. Les terres légères ressemblent à du sable; elles se mouillent comme une éponge et se dessèchent de la même manière, elles n'ont pas de liant, elles s'échauffent plus vite que les autres au soleil; il existe une espèce de terre qu'on appelle calcaire, parceque si on la calcine au feu elle donne de la chaux comme celle qui sert à faire le mortier.

Pour qu'une terre soit bonne à la culture du blé, il faut qu'elle soit composée de terre glaise ou argile, de sable et de calcaire, de manière à ce que le mélange ne donne une terre ni trop forte ni trop légère, ce que nos cultivateurs nomment terres franches. On appelle terre végétale celle qui est à la surface du globe terrestre, celle que nous foulons aux pieds; cette terre qui s'est amassée ainsi dans les vallées et les plaines, contient des portions de racines, des plantes qui ont végété à l'état sauvage, qui sont mortes sans être récoltées. Ces parties de plantes qui ont pourri en terre, forment du terreau qui rend les terrains fertiles, c'est-à-dire propres à donner des récoltes de grains abondantes. Lorsqu'une terre a été longtemps abandonnée et qu'elle n'a produit que de mauvaises herbes, telles que du genêt, des bruyères, des ronces, des fougères, ou qu'elle a servi au pâturage du bétail du village, c'est une terre en friche, en landes, pâtis, bruyères, terrains incultes. Au moyen d'une charrue faite exprès, on les défonce, c'est-à-dire on arrache les herbes, on coupe les racines, on laboure la terre profondément; quelquefois on enlève le gazon en plaques comme des carreaux, on brûle ce gazon et on en répand les cendres dans le champ; on appelle cela écobuer, mettre en culture, convertir en terres arables ou propres à la culture des céréales. On laboure plusieurs fois le champ avant de semer le grain; on laboure plus souvent les terres fortes, argileuses que celles qui sont légères; on enterre les fumiers par le labourage. Au moment de la semaille on fait des sillons moins profonds. On ne laboure les terres fortes que lorsqu'elles sont égouttées, mais non desséchées à faire croûte; on ne met pas la charrue dans les terres sablonneuses lorsque le temps est chaud et desséchant. On divise les champs en plusieurs planches ou sillons plus ou moins larges, quelquefois bombés et qui contiennent plusieurs sillons; ces planches ou sillons sont séparés par des raies plus profondes, plus larges, qui facilitent l'écoulement des eaux de pluie, de la fonte des neiges, afin que le blé ne soit pas noyé; on entretient avec soin ces raies ou petites fosses pendant l'automne et l'hiver, époque ordinaire des pluies et des neiges. La neige est utile aux blés ; elle les garantit de la gelée.

Des Engrais.

Sans le fumier, il n'y a pas de culture possible, à moins qu'il ne s'agisse de terres d'une fécondité extraordinaire, et qui font exception. Cette vérité est si bien reconnue que les grands propriétaires mettent dans les baux de leurs fermiers, que ces derniers ne vendront pas de paille, et que tout ce qu'ils en récolteront sera consommé sur la ferme. Car là, ils s'assurent que leurs terres seront toujours bien engraissées en tout temps. Les fumiers dont on fait usage sont ceux de cheval, de vache, de chèvre et de mouton. Le premier est chaud et s'emploie dans les terres froides ; le second est plus humide et s'emploie dans les terres sèches et légères. Au sortir de l'Écurie ou de l'Étable, on met d'abord le fumier dans de grandes fosses appelées trous à fumier où on le laisse séjourner pendant quelque temps. Là il subit une fermentation naturelle qui ajoute à sa qualité. Pour aider à cette fermentation, on a soin de le tenir humide, principalement en Été, en l'arrosant avec de l'eau, ou mieux encore, avec l'urine qui sort des Étables et des Écuries. On l'abrite aussi des rayons du soleil, soit en plantant quelques arbres autour, soit en le couvrant avec des claies, car le soleil le dessécherait et lui enlèverait toutes ses qualités fertilisantes. Dans certaines localités, on emploie encore comme fumier, les boues et les immondices ramassées dans les rues des villes. Ce fumier est d'une qualité inférieure, et donne souvent un goût désagréable aux plantes sur lesquelles on le répand.

On fait également usage d'autres engrais qui se sèment en poudre sur les terres ; ces engrais sont la fiente des pigeons ; des os d'animaux pulvérisés ; de la poudrette, terreau composé avec des vidanges de latrines desséchées et mélangées avec de la bonne terre ; de la marne, sorte de terre grasse que l'on trouve dans certains pays ; de la chaux ; du plâtre cuit et pulvérisé ; de l'Urate, poudre de plâtre qui a été infusée dans de l'urine. Une des meilleures manières de fumer les terres, c'est d'y faire parquer des moutons. La chaleur naturelle de ces animaux, leur urine et leur crottin forment un des plus puissants engrais que l'on connaisse.

Le Semeur

2ᵉ Leçon.

Après les labours, pour que le champ soit convenablement préparé à recevoir la semence, on unit le terrain avec la herse. La herse est un cadre en bois carré ou bien en triangle, portant plusieurs traverses qui sont armées de pointes ou dents en bois dur, mais mieux en fer; on attelle un cheval à la herse que l'on promène dans le champ en long et en travers. La herse déracine, arrache, entraîne les mauvaises herbes, expose les racines à l'air qui les dessèche; elle brise, écrase les mottes et nivelle le sol.

Il y a plusieurs espèces de froment, et l'on croit que ces différences proviennent de la nature du terrain et de la manière dont se passent dans le pays les diverses saisons; c'est ce qu'on appelle le climat; le climat chaud et sec est celui d'une contrée où il fait très-chaud pendant toute l'année et où il pleut rarement; on dit que le climat est froid et humide, lorsque les jours de froid, de gelée et de pluie sont plus fréquents que les jours de beau temps. Le climat de la France est tempéré, parce que nous n'avons ni de très-fortes chaleurs, ni des froids excessifs; mais il y a encore entre le nord et le midi beaucoup de différence, il fait aussi plus chaud au bas des montagnes qu'à leur sommet. Les oliviers et les orangers croissent et vivent en pleine terre toute l'année dans la Provence, comme les pommiers et les cerisiers aux environs de Paris; on est obligé de les renfermer pendant l'hiver dans une grande partie de la France.

On a partagé les blés en blé dur et en blé tendre : le premier est celui dont le grain est difficile à casser entre les dents ; il est transparent comme de la corne ; il donne une farine moins blanche et plus de son ; c'est celui que l'on cultive dans les pays chauds ; le blé tendre se casse facilement ; il est blanc en dedans, il fournit une belle farine, le son est mince et léger, c'est celui que l'on cultive le plus généralement en France ; il vient mieux au nord ; il y a des blés dont le grain est blanc ou un peu jaune, et d'autres qui ont un grain plus ou moins rouge ; on distingue aussi les blés en blés de mars et blés de saison, les premiers sont semés au mois de mars ou bien encore au commencement de février jusqu'à la fin d'avril, et les autres en Octobre et Novembre et quelquefois en Septembre.

Le semeur est celui que vous voyez sur l'image, au bout du champ ; il marche à pas comptés et égaux, à chaque pas il jette d'une main une poignée de grain qu'il répand aussi également que possible comme une espèce de pluie. Le grain qu'il doit semer est devant lui dans un tablier long et qui est noué derrière le dos, le bas est roulé autour de son bras et est tenu d'une main, ce qui forme une espèce de poche. Il faut que le semeur ait beaucoup d'adresse et une grande habitude ; aussi un bon semeur est un homme difficile à rencontrer. Semer dru, c'est répandre une quantité de grain telle que les plantes qui viennent se touchent et couvrent le sol. On sème clair lorsqu'on veut que les plantes soient écartées les unes des autres.

Quelquefois on ensemence les champs en lignes comme les jardiniers sèment la salade, les épinards ; on trace avec une charrue qu'on nomme rayonneur des lignes ou raies peu profondes, également éloignées l'une de l'autre ; ensuite on répand le grain dans les raies, ce qu'on appelle semer en lignes ; cette manière de semer exige moins de grains de semence.

Comme il est souvent utile de ménager la semence, on a inventé des machines qui font le travail du semeur et qu'on nomme semoirs. Ils sèment à la volée ou en lignes ; on donne la préférence au semis en lignes ; parce que les plantes qui viennent sont placées de manière à n'être pas coupées quand on veut enlever les mauvaises herbes. Lorsque le grain est semé, on passe la herse pour le recouvrir, afin que les oiseaux ne le mangent pas. On ne doit employer pour semence que les blés les plus lourds, les plus mûrs et les plus propres.

Le froment demande une terre qui ne soit ni trop argileuse, ni trop légère; il vient mieux dans une terre forte que sur un sol sablonneux ou complètement calcaire. Lorsqu'il pleut trop longtemps après la semaille, le grain pourrit en terre; s'il fait trop sec, la plante ne lève pas, mais elle n'est que retardée et risque d'être surprise par les gelées et autres accidents. On sème le seigle comme le blé, en automne; et au printemps; il ne demande pas un aussi bon sol que le froment, et vient sur des terres qui ne donneraient que de mauvaises récoltes de celui-ci. C'est une ressource, un bienfait de la providence pour les pauvres habitants des montagnes. On distingue aussi les variétés d'orge, en orge de saison et orge de mars. Ce grain est plus difficile pour le terrain que le seigle. L'avoine se sème aussi au printemps et en automne, elle vient dans toutes sortes de terres. Le Blé de Turquie exige un climat chaud et il se sème en avril ou mai, suivant le climat; il lui faut une bonne terre, de l'engrais, une humidité et une chaleur assez constante pendant tout le temps qu'il reste en terre; il ne mûrit pas dans les pays trop froids; on le sème à la volée; mais comme le grain est gros, le mieux est de le semer à la main en lignes, ou bien on le plante dans des trous faits avec un plantoir: le plantoir est un bâton en bois dont un des bouts est taillé en pointe pour faire le trou et on laisse entre chaque trou, près d'un mètre de distance de tous côtés. Le sarrasin se sème au printemps lorsqu'on ne craint plus les gelées tardives; il réussit sur tous les terrains et ne redoute qu'une trop grande humidité. On ne cultive pas le riz en France.

Soins ou cultures à donner aux blés jusqu'à la moisson.

Toutes les espèces de blé sont des plantes annuelles, c'est-à-dire qui n'existent qu'une seule année et périssent en entier lorsque les graines sont mûres. Lorsque le grain de blé est dans la terre et que celle-ci n'est pas trop sèche ou trop mouillée, il se gonfle, germe, et pousse une petite racine qui s'enfonce dans la terre et une petite tige verte qui s'élève au dessus; on dit alors qu'il lève. La tige grandit et forme ce qu'on appelle un chaume. Le chaume (ou paille) est creux dans l'intérieur, il est divisé par des nœuds de distance en distance, à chaque nœud est une feuille longue et étroite, qui enveloppe le chaume comme une espèce d'étui : la feuille du nœud supérieur n'est pas du même côté que celle de celui qui est plus bas. L'extrémité du chaume porte l'épi, qui sort, au printemps, d'une espèce d'étui qui le garantissait du froid ; l'épi est la partie importante du blé, il porte les fleurs. Ces fleurs sont entourées de plusieurs écailles qu'on appelle balles, au milieu desquelles se forme le grain. Ces fleurs sont rangées de chaque côté d'une espèce de côte, l'une au dessus de l'autre. Dans plusieurs espèces les écailles ont de longs fils raides ou arêtes, ce qui donne les blés dits barbus.

L'hiver, on a soin de creuser des raies d'écoulement pour que les blés ne soient pas couverts d'eau ; après l'hiver, si les gelées ont soulevé les racines des blés, on promène dessus un gros rouleau de bois qui les fixe dans la terre ; il y en a sur lesquelles on fait passer la herse. Un soin important c'est d'arracher les mauvaises herbes avant qu'elles ne soient en fleur ; toutes les plantes qui viennent au milieu des blés, telles que les chardons, les bluets, les pavots rouges, des espèces de radis ou de moutarde, les marguerites, nuisent à la récolte et mêlent leurs graines à celles du blé. Lorsque les grains sont semés en lignes, on les sarcle avec un petit instrument qu'on nomme sarcloir, qui coupe les herbes par la racine et rafraîchit la terre. Les blés sont sujets à plusieurs accidents ou maladies dont les plus dangereuses sont celles qu'on nomme charbon et carie. Dans les blés attaqués par la carie, la partie farineuse est convertie en une poudre noire, fine et qui répand une mauvaise odeur ; cette poudre s'attache aux grains non malades et se mêle avec la farine, elle donne au pain un goût désagréable ; on a trouvé le moyen de préserver les grains de cette maladie qui perd quelquefois une grande partie de la récolte ; le remède est fort simple : avant de semer le blé on trempe le grain dans de l'eau où l'on a mis de la chaux à éteindre, ou bien on prend la chaux qu'on met en poudre en l'humectant, on la répand sur du grain qui a été mouillé avec de l'eau dans laquelle on a fait fondre un sel qu'on nomme sel de Glauber, (sulfate de soude,) qui se vend chez les Droguistes, on remue le grain jusqu'à ce qu'il soit tout blanc comme si on l'avait roulé dans la farine ; ce moyen a été indiqué par M. de Dombasle, qui a rendu de grands services en formant la première école de laboureurs en France. On appelle chaulage la préparation de la semence passée à la chaux, on peut chauler en mêlant de la chaux avec une lessive de cendres ordinaires. Lorsque le terrain est bon et fumé convenablement, qu'il n'est pas semé trop dru, il sort de la même racine plusieurs chaumes, chacun porte un épi et fournit du grain. Dans ce cas on dit que le blé talle. Un hersage donné à propos au printemps, éclaircit les blés trop serrés et les fait taller.

Le Moissonneur.

3.ᵉ Leçon.

Nous sommes arrivés au moment si désiré par le laboureur, celui de la récolte. La terre n'est plus couverte d'un feuillage vert. Le chaume plus ou moins élevé offre une paille jaune, luisante, les épis dorés réjouissent le cultivateur, qui voit renfermée en eux la récompense de ses peines. Hé bien ! mes enfants, il arrive quelquefois, au moment de la récolte, un orage qui détruit presque tout, ruine le laboureur et met la cherté dans les graines, ou bien il survient un mauvais temps ; il tombe de la pluie qui empêche le grain de sécher et retarde sa rentrée. Ainsi, jusqu'à ce que le blé soit dans le grenier ; il peut être plus ou moins gâté et la farine donne un mauvais pain. Les bonnes années, celles de récoltes abondantes ne se suivent pas. Les années tout-à-fait mauvaises, celles qui ne rendent pas suffisamment pour nos besoins et que l'on nomme de disette, sont assez rares en France. Aujourd'hui, au moyen de la pomme de terre, on ne peut plus craindre de disette en France. Depuis plusieurs années, le pain est à un prix qui permet aux ouvriers de nourrir leur famille avec le salaire de leur travail. Revenons à nos moissonneurs.

Ces trois hommes, représentés sur la gravure, sont occupés à la moisson : le premier qui est courbé presque jusqu'à terre, saisit d'une main une poignée de chaume, et de l'autre il tient une faucille avec laquelle il les scie. La faucille est composée d'un manche et d'une lame en demi-cercle ou croissant ; la partie qui coupe ou le tranchant, a des dents de scie très fines ; derrière le scieur sont quelquefois des femmes qui ramassent les poignées et forment des javelles qu'elles couchent sur la terre ; lorsqu'il fait beaucoup de soleil et que le chaud se continue, le blé sèche promptement, on le retourne doucement avec des fourches pour qu'il sèche plus vite ; ensuite on étend sur la terre un lien, une attache faite avec de la paille de seigle, et sur ce lien on arrange plusieurs javelles, qu'un autre homme ; après avoir mis son genou dessus, serre et attache en faisant un nœud. Le tout tient alors ensemble et forme une gerbe. Cette gerbe se place droite sur le champ, les épis étant en l'air ; le troisième ouvrier emporte les gerbes pour les arranger en dizaines ou tas de dix distribuées sur une ligne dans le champ, ensuite on les charge sur un chariot avec précaution, pour les conduire à la maison ; là on les accumule dans un endroit préparé qu'on nomme le Gerbier ou la grange. Tout ce travail se fait pendant les mois les plus chauds de l'année, ceux de Juillet et Août ; les moissonneurs sont ainsi exposés à l'ardeur du soleil dont ils souffrent beaucoup, aussi on doit avoir soin d'eux ; comme ils sont très altérés, ils croient se soulager en buvant de l'eau ; c'est tout le contraire, cette boisson les affaiblit et les rend malades ; d'un autre côté le vin pur augmenterait encore leur soif dévorante. Les bons maîtres leur donnent pour boisson de l'eau et du vinaigre et quelquefois du vin ou du cidre ; la meilleure boisson pour les moissonneurs, c'est de l'eau avec un peu de vinaigre ou d'eau de vie.

On doit ne point perdre de temps pour les récolter et employer le nombre d'ouvriers nécessaire pour les mettre en sûreté. Un orage est bientôt venu. Dans les campagnes, pendant le temps des récoltes, les curés sont dans l'habitude de dire la messe de grand matin, afin qu'après avoir assisté à l'office divin, les laboureurs puissent travailler, même le dimanche ; hors ces travaux pressants, l'heure des offices n'est pas changée et l'on ne doit pas négliger de sanctifier le dimanche. Lorsqu'on destine le blé à faire de la farine, on peut le couper un peu avant qu'il soit tout à fait mûr ; mais si on veut du blé pour semence, on le laisse mûrir davantage. Il y a des cultivateurs soigneux qui poussent la précaution jusqu'à faire choisir les épis les plus beaux et les faire couper séparément, d'autres sèment dans une place séparée, le grain qui doit leur donner un blé de semence.

L'abattage du blé avec la faucille est très-pénible et ne va pas très-vite, aussi dans quelques pays on fauche les blés à peu près de la même manière que l'on fauche l'herbe des prés, on se sert pour cela d'une faulx armée d'un râteau qui rassemble le blé coupé. Nous voyez dans la gravure, au dessus de celui qui lie une gerbe, un moissonneur qui fauche du blé, il se fatigue moins que celui qui scie avec la faucille, il coupe plus près de terre et la paille est plus longue, il fait près que le double du travail, c'est-à-dire qu'il coupe deux poignées pendant que l'autre n'en coupe qu'une; c'est un grand avantage lorsqu'on a beaucoup de blé à moissonner et que le temps annonce de la pluie. Un avantage non moins important, c'est que ce procédé égrène moins les épis; car les sciant avec la faucille, on imprime une secousse qui fait tomber un assez bon nombre de grains. Lorsque le blé est coupé et qu'on ne peut le rentrer, parce qu'il ne sèche pas assez vite, on l'arrange en petits tas; les épis sont en dedans, et le tout couvert adroitement avec une gerbe qui sert de chapeau; ainsi arrangé, la pluie ne le gâte point, on profite du premier beau temps pour le faire sécher et le mettre en gerbe. Lorsque l'on manque de place ou bien que l'on ne trouve pas le loisir pour transporter les gerbes, on construit de gros tas ou meules ou place dans les champs; on en a représenté une tour près de l'homme qui fauche, c'est une espèce de tour ronde faite avec les gerbes mêmes qui sont rangées sur un rang de fagots posés sur terre. Les gerbes ou les épis tournés en dedans autour d'une perche plantée au milieu; elles sont placées les unes sur les autres jusqu'à trois ou quatre mètres de haut, le tout est recouvert d'un toit en paille terminé en pointe ou qui dépasse un peu les gerbes; elles se conservent ainsi arrangées même pendant l'hiver, sans que le grain soit gâté par la pluie, s'échauffe ou moisisse, ce qui arrive lorsqu'il est mouillé.

Époque de la moisson en France.

On moissonne plus tôt dans les pays chauds que dans les pays froids, c'est-à-dire dans ceux du midi que dans ceux du nord, ainsi on a fini les moissons en Provence avant que celles des environs de Paris soient commencées. Le seigle mûrit le premier, et c'est par lui que la moisson commence; vient ensuite le blé froment. Les blés de Mars sont mûrs en même temps que les blés de saison.

Après le blé on coupe les orges et les avoines. Mais ces dernières
mûrissant tard, plus leur récolte donne d'embarras, parce qu'alors
arrive la saison des pluies; c'est pourquoi on les fauche
pour que le travail soit plutôt fait.

Lorsque le cultivateur a enlevé les gerbes, le champ est livré
aux pauvres du pays qui vont glaner. Ces glaneurs sont
le plus souvent des femmes et des enfants qui parcourent le
champ et ramassent les épis que les moissonneurs ont laissé
tomber, ou qui, étant trop courts, n'ont pu être liés. C'est un usage
établi depuis longtemps dans les campagnes. C'est une aumône
que le riche fait volontiers aux malheureux. Aussi, les agriculteurs pieux et humains laissent leur champ libre un temps suffisant
pour ne pas priver de cette faible récolte, qui serait perdue pour
eux, les pauvres gens, qui par leurs prières, attirent sur le
champ les bénédictions du Seigneur. En recommandant aux riches
de ne pas priver les glaneurs de cette faible ressource, nous
devons avertir ces dernières de ne pas abuser de cette per-
mission. Ils ne doivent entrer dans le champ qu'après l'enlè-
vement entier des gerbes, et ne causer aucun tort au maître
en coupant les haies ou dégradant les fossés. Après que le champ
a été parcouru par les glaneurs, on y mène les moutons qui broutent
les herbes et même la partie du chaume qui n'a pas été coupée et qu'on
appelle éteules ou esteubles dans quelques pays. Dans beaucoup d'endroits,
on laisse le champ en jachère, c'est-à-dire que, pendant un an, on ne
lui fait pas produire de récolte; néanmoins on le laboure plusieurs fois. Dans une grande partie de la France, sur trois années
on ensemence deux fois, et ce n'est que la troisième année que
le terrain reste en jachères; de cette manière, un tiers des champs
est abandonné tous les ans. Aujourd'hui, beaucoup de laboureurs
ont pensé qu'ils pouvaient bien faire comme les jardiniers, qui
ne laissent pas leurs terrains se reposer, c'est pourquoi, aussitôt
qu'une récolte est enlevée, on laboure afin que la terre soit prête à
recevoir la semence d'une autre plante. Actuellement on ne sème
pas du blé dans un champ qui vient de rapporter du blé, mais on sème
du trèfle, ou bien des colzas pour avoir de l'huile, ou bien des betteraves
pour en avoir du sucre, et tant d'autres plantes qu'il serait trop long de
vous nommer; c'est ce qu'on nomme une culture alterne ou succes-
sion de récoltes, parce que chaque espèce de plante de suite; pour cette

manière de cultiver, il faut beaucoup de fumier.

Parlons maintenant de l'assolement. Je suppose que l'on partage les terres qui sont à cultiver en quatre champs, sur chacun desquels on sèmera une plante différente. On aura ce qu'on nomme quatre soles ou un assolement de quatre ans. Les quatre champs sont semés l'un en blé d'hiver, le second en pommes de terre, le troisième en trèfle et le quatrième en blé de Turquie ; l'année prochaine le premier recevra des pommes de terre, le second du blé d'hiver, le troisième du blé de Turquie et le quatrième du trèfle. On change de même les années suivantes, de telle manière que la même plante ne revienne sur le même champ qu'au bout de quatre ans, en ayant soin qu'un blé ne suive pas un autre blé, c'est ce qui constitue un cours, une rotation de récolte ; ces arrangements permettent d'avoir un champ toujours garni. Cette manière de cultiver est nommée culture améliorée, en la comparant à celle avec jachères, suivie le plus généralement par les cultivateurs routiniers.

La moisson du blé de Turquie se fait quelques semaines plus tard ; cette plante mûrit plus difficilement dans les pays froids. On la cultive peu en grand. On arrache les tiges qui sont beaucoup plus grosses que les chaumes des blés, pleines et remplies de moelle sucrée. Les épis qui sont très gros, viennent sur les côtés de la tige et restent couverts de longues feuilles qui les enveloppent ; on transporte les tiges dans la ferme, on détache les épis, on leur enlève les feuilles qui les recouvrent ; aux épis que l'on garde pour semence, on laisse deux ou trois feuilles, que l'on renverse en arrière ; on réunit alors plusieurs épis si on l'on, on en forme un faisceau en liant les feuilles avec des brins d'osier et ensuite on les suspend sur des perches au plancher. On croit que le blé de Turquie nous est venu de l'Amérique comme la pomme de terre ; il est du moins constant qu'il était cultivé dans ce pays lorsque Christophe Colomb en a fait la découverte. Au Mexique, il fait la principale nourriture des habitants ; il remplace le blé dont nous faisons le pain.

Le sarrasin dans les pays où on le cultive, comme en Bretagne, se récolte après les céréales ; on l'arrache et on le lie en gerbes qui sèchent difficilement lorsque le temps est à la pluie.

Le Batteur en grange.

4.ᵉ Leçon.

Lorsque le blé est coupé, mis en gerbes et rentré, on le laisse dans cet état plus ou moins longtemps avant de séparer le grain de la paille. Si le blé n'a pas été récolté bien mûr, on ne doit pas procéder immédiatement à cette opération; même une grande partie des cultivateurs ne veulent pas que l'on coupe les blés avant que le grain ne cède plus entre les doigts et qu'il ait un peu de dureté. Les petits cultivateurs qui ont peu de blé et qui attendent ce moment pour avoir du pain, battent leurs grains immédiatement après la récolte, on fait battre aussi les gerbes de choix dont le grain doit servir de semence. Les gros fermiers attendent, pour battre, la terminaison des travaux les plus pressants; ils commencent leur battage au mois de Janvier dans quelques pays. D'autres ne battent qu'au fur et à mesure qu'ils ont besoin de grain pour conduire aux le marché. Il existe plusieurs manières de séparer le grain de la paille, le battage au fléau, le dépicage, l'emploi des machines dont l'invention est nouvelle.

Le battage au fléau est en usage dans nos provinces du nord, c'est la manière d'opérer qui paraît la plus généralement adoptée, quoiqu'elle ne soit pas la plus expéditive, elle brise moins la paille.

Un batteur bon travailleur, peut battre en un jour quatre-vingt dix gerbes de froment, cent huit d'avoine et cent cinquante quatre d'orge; le battage s'exécute en plein air, dans une cour, quelquefois dans un champ ou sur le chemin; mais comme on n'a pas toujours du beau temps, surtout si l'on attend jusqu'au mois de Janvier, on bat aussi souvent les grains dans une grange. On prépare d'abord l'aire ou la place sur laquelle on veut faire le battage; le sol doit avoir de la fermeté pour résister aux coups du fléau, et être arrangé de manière à ne pas fournir de poussière. Une bonne aire facilite beaucoup l'ouvrage. Dans plusieurs pays, l'aire de la grange est construite en pierres larges et épaisses, ou bien en briques mises sur le côté et scellées avec du plâtre. Le fléau est composé de deux bâtons attachés l'un au bout de l'autre avec des courroies qui passent l'une dans l'autre; on voit un fléau entre les mains de cet ouvrier au moment où il le lève pour frapper sur les épis qui sont étendus devant lui sur l'aire ou le pavé de la grange. La partie qui bat ou le fléau proprement dit, tourne et frappe sur toute la longueur les épis; les gerbes sont placées sur l'aire et forment une couche d'une épaisseur égale et de la largeur de la place. Il est rare que le battage se fasse par un seul homme; on réunit toujours plusieurs batteurs qui font tomber leurs fléaux chacun l'un après l'autre, de sorte que le tas reçoit des coups continus; lorsque les gerbes sont battues d'un côté, on les retourne de l'autre et on recommence le battage; on les soulève ensuite et on étend la paille avec une fourche. Aussitôt que le battage est terminé, que les épis paraissent vides, on enlève la paille; la plus grosse avec les fourches; on rassemble la plus menue avec le râteau; on réunit le grain qui est au dessous, avec les balles ou bouffes, au moyen du balai et de la pelle ; on le pousse ensuite en tas dans un coin de la grange, contre le mur, avec une planche emmanchée au bout d'un bâton. Tous ces instruments très simples sont représentés sur l'image.

Dans le Languedoc et la Provence, on ne bat point au fléau. L'extraction du grain des épis se fait par ce qu'on nomme le dépicage ; cette opération consiste à étendre les gerbes sur l'aire et à le faire fouler par les pieds des chevaux que l'on maintient au trot : l'on a soin de pousser la paille sous les pieds des animaux et de la retourner avec des fourches. Cette méthode est expéditive, mais elle brise la paille, et de plus elle laisse du blé dans les épis : cette paille brisée donne une litière plus douce pour les bestiaux. On opère aussi le dépicage avec des rouleaux en bois dur ou en pierre, cependant cette méthode n'est pas généralement adoptée, on donne la préférence au battage avec le fléau ; pour aller plus vite on a imaginé des machines à battre, au moyen desquelles on peut se passer des batteurs ; les unes sont tournées par des hommes, les plus grandes sont mises en mouvement avec des chevaux, comme les meules à cidre ou celles des moulins à huile dont on se sert aux environs de Paris, mais ces machines coûtent beaucoup, et c'est pourquoi elles ne sont pas très répandues ; on peut les conseiller aux gros fermiers, à ceux qui récoltent une grande quantité de grains. Les machines à battre sont composées de plusieurs pièces. Les gerbes sont présentées par poignées et engagées entre deux rouleaux cannelés qui entraînent les épis et les soumettent à un battage très vif ; pour s'en faire une idée, il est bon d'en voir une en mouvement. Les épis sont presqu'entièrement dépouillés et l'on obtient un dixième de plus en grain que par le battage ordinaire. La paille est propre et peu brisée ; elle est aussi bonne pour servir de litière que pour être donnée à manger aux bestiaux.

Nettoyage du grain.

Après le battage, de quelque manière qu'il soit fait, le grain n'est pas propre; il est mélangé avec les balles ou bouffes, c'est-à-dire les écailles qui l'enveloppent, il peut s'y trouver du sable, de la menue paille et autres débris de plantes; on le nettoie de plusieurs manières. Dans quelques pays on le vente et dans d'autres on le vanne. Le ventage se fait à la pelle et le vannage s'opère avec un van. Le van est une corbeille d'osier qui a la forme d'une coquille, avec une anse à chaque côté. L'opération du ventage est très simple; mais elle ne convient que dans le cas où le battage se fait en plein air, elle ne réussit bien que lorsqu'il fait un peu de vent: les ouvriers se placent dans une direction opposée à celle du vent; avec une pelle en bois, ils lancent le blé aussi loin qu'ils peuvent; les balles et menues pailles sont rejetées près des venteurs; et le grain étant le plus lourd, parvient à l'endroit le plus éloigné; on le sépare ensuite avec un balai, des grains les plus légers qui sont sur le bord opposé du vent; cette opération terminée, on passe le blé à travers un crible, et le vent en sépare encore la poussière et les parties les plus légères que l'on conserve pour la volaille ou que l'on fait moudre pour le bétail. Cette méthode est suivie dans le midi de la France, et dans la Bretagne. Dans les provinces du centre, on se sert du van: l'ouvrier agite adroitement le grain, les balles et les semences les plus légères viennent à la surface, sont ramenées au bord, et ensuite séparées par un mouvement particulier du vanneur. Mais la meilleure manière de séparer le grain des balles ou de la bouffe est l'emploi du moulin à vanner qu'on nomme Tarare: c'est la plus expéditive et la moins fatigante. Cette machine donne le grain beaucoup plus propre que le ventage et le vannage. On la voit actuellement dans les fermes parcequ'elle ne coûte pas cher; elle se trouve chez tous les marchands de blé et meuniers, chez les fabricans d'instrumens pour l'agriculture et même chez plusieurs Boulangers. C'est une espèce de coffre d'une forme particulière; il est surmonté d'une trémie dans laquelle on verse le blé à nettoyer; il tombe sur un premier crible dont les trous sont assez gros pour laisser passer le grain: ainsi tamisé, il est exposé à l'action d'un vent très fort produit à l'aide d'un ventilateur composé de plusieurs ailes en planches. Ce ventilateur est tourné par un homme, au moyen d'une manivelle; l'air, ainsi agité, chasse les balles et la poussière hors du coffre, et le grain plus lourd, tombe sur un second crible incliné et en fil de fer qui laisse passer les petites graines, de sorte que le bon blé se trouve séparé de mauvaise graine, de la poussière et de toutes autres impuretés; c'est alors qu'on le met dans les sacs pour le porter au marché, ou bien on le monte au grenier, sur le plancher duquel il est mis en tas jusqu'à ce qu'il soit vendu ou porté au moulin.

Ainsi se termine le travail de la récolte, et on voit qu'il est très pénible et qu'il exige beaucoup de soins et une grande surveillance de la part du maître. Dans beaucoup de villages, la fin des moissons ainsi que celle du battage, est fêtée par des réjouissances champêtres. Dans le midi, dans la Bretagne, on retrouve les fêtes et les jeux à la fin de chaque espèce de récolte; on y voit qu'après avoir rendu des actions de grâces au seigneur, en faisant bénir

les plus beaux fruits de la récolte par le
vénérable pasteur du village; on se livre ensuite
aux plaisirs innocents auxquels tout le monde
prend part; hommes, femmes, enfants, filles
et garçons; les vieillards y tiennent le premier rang; tout se passe en joie, un peu
bruyante il est vrai, mais qui offre un
charme qu'on ne goûte point à la ville.
Le Curé lui-même se rend aux jeux et sa
présence y maintient le bon ordre et l'in-
nocence.

Ce que je viens de dire ne concerne
que l'égrenage du blé, du seigle, de l'orge
et de l'avoine; il faut que je parle actuellement de celui du maïs ou blé de
Turquie. Dans le midi de la France,
comme il fait beaucoup plus chaud et
que les épis sèchent promptement, je l'ai
vu battre au fléau et le grain se sépare
très bien; mais dans les pays plus
au nord, où le temps est quelquefois pluvieux
à l'époque de la récolte, la dessiccation ne peut
avoir lieu en plein air; on fait sécher les
épis, dont le grain n'est pas destiné pour
semence, à l'aide de la chaleur; mais la
farine du grain séché à l'air se conserve
mieux. Dans la Bourgogne et la Franche-Comté
on procède de la manière suivante : on chauffe
le four comme pour faire cuire le pain;
on y met ensuite les épis qu'on étend sur l'aire
également, et qu'on a soin de remuer et retourner à la pelle; on les retire ensuite lorsqu'ils
sont suffisamment secs.

Beaucoup de femmes de ménage dans les
petites fermes, se contentent de mettre les
les épis dans le four après la cuisson du
pain, et les laissent jusqu'au lendemain; si la
première chauffe ne suffit pas on les repasse
une seconde fois au four. Lorsque le maïs est assez

sec, on l'égrène à la main. La fusée ou le panneton après avoir été dépouillé de ses graines, sert à entretenir le feu; mais actuellement on le coupe et on le donne au bétail. On a construit aussi une machine avec laquelle on peut égrèner le blé de Turquie beaucoup plus vite qu'avec la main.

Une fois le blé nettoyé, vanné, criblé, il exige encore beaucoup de soins pour être conservé: ce sont les rats qui le mangent, de petits insectes noirs qui établissent leur demeure dans l'intérieur du grain; de plus il peut fermenter et germer, s'il est légèrement humide. Il faut donc avoir bien soin de ne le serrer que quand il est complétement sec, le remuer de temps en temps, car le mouvement chasse les insectes. Le meilleur moyen de conservation est de l'enfermer dans des sacs. Dans quelques pays où la température est excessive soit en chaud, soit en froid, où il est difficile d'établir de grandes constructions, en Russie et dans le nord de l'Afrique, on creuse des espèces de greniers souterrains où le grain se conserve parfaitement.

Avant de parler des usages auxquels on emploie les blés, je vais dire à quoi l'on emploie les pailles; d'abord on s'en sert pour faire la litière du bétail; c'est elle qui retient les urines des bêtes et donne de la consistance aux fumiers; celle du seigle sert à faire ce qu'on nomme des liens. On l'emploie aussi pour remplir la paillasse de nos lits; la paille contient encore assez de parties nutritives pour servir d'aliment aux animaux, on la donne seule ou on la coupe avec des hache-paille et on la mêle avec des fourrages qui contiennent beaucoup d'eau, principalement les racines de betteraves, de navets. On emploie les diverses espèces de pailles pour faire des paillassons, pour couvrir les chaises; on tresse la paille pour fabriquer ces petits paniers qu'on nomme Cabas à Paris. C'est avec plusieurs espèces de pailles que l'on fabrique des chapeaux et beaucoup de petits ouvrages très-jolis. On teint les pailles de plusieurs couleurs. Dans les campagnes où la tuile est rare, on couvre les maisons avec de la paille; mais ces toits en paille devraient être proscrits, parce qu'ils exposent les bâtiments à être brûlés.

Le Meunier.

5ᵉ Leçon.

Le meunier est l'homme qui se charge de convertir le blé en farine. Cette opération a lieu en faisant passer le grain entre deux meules rondes, épaisses de 30 centimètres environ, placées l'une sur l'autre; ces meules sont mises en mouvement, soit par des chevaux, des mulets ou des bœufs, soit à bras d'hommes, soit par l'eau, par le vent ou la vapeur. On fait les meules des moulins avec plusieurs sortes de pierres plus ou moins dures et déchirantes. Les meilleures meules et le plus généralement adoptées, sont en meulières, espèce de pierre poreuse qui tient de la nature du caillou. Les appareils pour imprimer aux meules le mouvement de rotation qu'elles ont pendant leur travail, sont trop compliqués pour pouvoir être décrits ici d'une manière bien claire. Nous nous contenterons de dire que depuis quelques années on a introduit de grands perfectionnements dans la construction des moulins à farine et des rouages qui les font mouvoir: ces perfectionnements ont surtout pour résultat de procurer un emploi plus avantageux de la force motrice.

Les meules d'un moulin ne sont pas mobiles toutes les deux: celle de dessous, appelée meule en gîte, est scellée dans le plancher et demeure immobile; celle de dessus, appelée meule courante, est la seule qui tourne, cette dernière supportée par un arbre en fer qui traverse la meule en gîte est percée dans son centre d'un œillard ou trou rond de 25 à 30 centimèt. de diamètre par lequel on fait tomber le grain qu'elle doit écraser. Il y a divers appareils pour introduire le grain dans l'œillard de la meule courante, le plus répandu consiste en un auget de bois, ouvert par un de ses bouts, et suspendu sur un coffre également de bois qui enveloppe et recouvre la meule. Une trémie verse le blé dans cet auget qui l'amène dans l'œillard au moyen d'un petit balancement de droite à gauche ou de gauche à droite que lui communique la meule elle-même en tournant. L'appareil de la trémie, de l'auget et de la boîte à meule est représenté dans la gravure placée en tête de ce chapitre, offrant la vue intérieure d'un moulin à trois paires de meules.

Parlons maintenant de la mouture. Il y en a trois sortes pratiquées en France : la mouture à la grosse, la mouture économique et la mouture anglaise ou américaine.

La mouture à la grosse consiste à écraser d'une seule fois le grain entre les meules, sans séparer les sons ni les farines. Dans la mouture économique, on commence à moudre le blé légèrement pour en extraire une farine commune, quoique blanche, et en même temps séparer de cette farine une fécule appelée gruau, ressemblant à un petit sable blanc assez fin. Ce gruau est ensuite repassé jusqu'à quatre fois entre les meules et produit quatre sortes de farines. La première sorte est de qualité supérieure et employée pour la pâtisserie et pour le pain de luxe. La mouture anglaise ou américaine n'est autre que la mouture à la grosse perfectionnée ; comme celle-ci elle consiste à moudre le grain d'une seule fois et de manière à convertir sur le champ le gruau en farine, sans qu'il soit nécessaire de le repasser sous la meule, opération qui altère toujours un peu la qualité de ses produits.

Quand le blé est moulu, il faut séparer les diverses qualités de farines et de sons. On se sert pour cela de tamis ou de sas, de bluteaux, de blutoirs et de blutéries.

Les tamis et les sas, qui opèrent d'une manière lente et imparfaite, ne sont plus guère employés que dans quelques provinces. Les bluteaux sous des espèces de longues manches en étamine (étoffe de laine plus ou moins fine) ; ils sont attachés par leurs deux extrémités et tendus horizontalement dans un coffre long d'à près de 3 mètres. Un appareil fort simple, mû par le moulin, et qui produit l'étourdissant tic-tac que l'on entend dans ces établissements. leur communique une vive agitation dont le résultat est de faire passer la farine au travers de l'étamine; le son va tomber à une des extrémités du bluteau, qui se termine par une ouverture ronde formée par un cerceau. Les bluteaux se composent d'un arbre en fer muni de brosses de crin, tournant dans un cylindre immobile ou menuiserie à jour, et ouvert à ses deux bouts. Ce cylindre est intérieurement garni de toiles métalliques en acier ou en laiton. Les brosses frottent fortement contre les toiles, au travers desquelles elles font passer la farine, par un mouvement de rotation très accéléré. Le son tombe au bout du cylindre. Les bluteries sont aussi de grands cylindres en menuiserie légère, mais elles tournent elles-mêmes et n'ont point d'arbre qui fonctionne dans leur intérieur. Leur carcasse ont recouverte d'étamine, ou bien d'un tissu de soie encore plus fin que l'étamine. La farine se tamise par le roulement que lui fait subir la bluterie en tournant. Ces appareils ont ordinairement depuis 4 jusqu'à 8 mètres de long et 60 à 90 centimètres de diamètre. On en voit beaucoup qui au lieu d'avoir la forme ronde d'un cylindre, l'ont hexagonale ou octogonale, c'est-à-dire à 6 ou 8 angles et côtés.

Telles sont les principales pièces d'un moulin à farine, a ce as moyens matériels de fabrication, et quand la mouture est bien conduite, on peut retirer du blé de France de bonne qualité, depuis 72 jusqu'à 75 pour cent de toutes farines, le reste se compose de sons de diverses finesses, employés pour la nourriture des vaches, des porcs des moutons et des chevaux. La mouture à la grosse fait seule exception, ses produits étant destinés à faire du pain de qualité inférieure, tel que du pain de munition: par exemple, on n'extrait du blé moulu que 10 ou 12 pour cent de son; tout le reste demeure dans la farine.

Nous ajouterons ici que le système de mouture généralement adopté dans les environs de Paris, où l'on travaille mieux que partout ailleurs, est celui de la mouture anglaise ou américaine. Il a été reconnu que, pour les farines ordinaires, c'était celui qui donnait les meilleurs produits en quantité et surtout en qualité. La mouture économique se fait avec de grandes meules de 2 mètres de diamètre; dans la mouture anglaise ou américaine les meules n'ont que 1 mètre 20 c ou 1 mètre 30 c de diamètre, mais on leur donne un mouvement de rotation plus rapide et qui est de 110 à 120 tours par minute.

Le Boulanger.
6.ᵉ Leçon.

Passons actuellement au travail des boulangers représenté sur la gravure. On distingue dans la boulangerie plusieurs espèces de pain : le pain blanc, le pain bis blanc et le pain bis. On ne vend à Paris que du pain de deux qualités pour la nourriture de ménage. Toutes les autres sont de luxe et de fantaisie. Dans les petites villes et les campagnes on prépare un pain plus ou moins blanc, qu'on nomme pain de ménage. Chaque ménagère a son four, ou bien elle porte cuire son pain à un four qui est chauffé à certaines heures de la journée dans les petites villes, ou au four commun ou banal. Le travail de la boulangerie est très fatigant à Paris, et il a lieu principalement pendant la nuit. Examinons les diverses opérations : si l'on pétrit, c'est-à-dire si l'on fait une pâte plus ou moins ferme avec de la farine et de l'eau, ou qu'on la divise en petits pains ronds et plats, et qu'on la fasse cuire aussitôt après avoir été préparée, on obtiendra une galette ferme, dure et sans goût ; c'est le pain sans levain. C'est une pâte plutôt desséchée au four que cuite. Le pain qui est ... n'est pas aussi nourrissant, ni aussi facile à digérer que le pain fait avec ce qu'on appelle un levain, une pâte fermentée. Pour qu'un pain soit bon, il faut qu'il ne soit pas trop dur, qu'il ne fatigue pas l'estomac, qu'il soit de facile digestion. Avant de faire du pain, il faut de procurer un bon levain. Ce levain est destiné à exciter, à faire naître dans la pâte exposée dans un endroit chaud, un mouvement, une espèce d'ébullition qu'on nomme fermentation. Il se forme dans l'intérieur, des bulles d'air semblables à ces bulles de savon que l'on fait en soufflant dans un tuyau de paille dont le bout est trempé dans l'eau de savon: ces bulles ne peuvent sortir, s'échapper de la pâte. Celle-ci s'augmente, elle est soulevée, elle gonfle, ou dit qu'elle lève, elle devient plus légère, et c'est cet air enfermé dans la pâte qui forme dans le pain les trous, plus ou moins grands, qui constituent la bonne qualité du pain et sa légèreté. Voici comment on fait le pain dans les boulangeries de Paris et des autres grandes villes. On met la farine dans le pétrin. Le pétrin représenté dans la gravure, est une caisse carrée, longue, peu profonde; elle est plus large à son ouverture qu'au fond, de sorte que les côtés sont en pente comme dans une trémie. On commence par mettre du levain. Pour cela on a conservé à chaque cuisson une petite portion de pâte, on prend celle qui a servi à faire du pain mollet. Dans les ménages on garde ce levain de chef sept à huit jours, et encore plus dans les campagnes, ce qui est une mauvaise habitude, parce qu'il devient aigre, et quelquefois il pourrit et n'est plus bon. Après douze ou quinze heures un levain peut être bon à employer. Pour faire le premier levain, on prend pour trente livres de farine, trois livres de levain de chef. On délaie les trois livres de levain avec une pinte et demie d'eau et on ajoute dix livres de farine. L'eau doit être tiède en hiver et froide en été. On ne doit jamais employer de l'eau bouillante. On fait une pâte un peu ferme qu'on laisse dans un coin du pétrin en l'entourant de farine pressée afin qu'elle ne coule pas. On la couvre plus ou moins selon la chaleur de la chambre. Le levain est bon lorsqu'il est bombé au milieu, qu'il repousse la main qu'on appuie dessus, qu'il ne se fendille point, enfin qu'il a une odeur de vin. Il est d'une grande importance de prendre son levain à propos. Quatre heures après que le premier levain est fait, on fait le second levain. Pour cela on prend la huitième partie de la farine que l'on veut employer, on la met dans le pétrin. On fait la fontaine, c'est-à-dire un creux au milieu de la farine, et dans ce creux on verse de l'eau tiède ou froide. On délaie dans cette eau le premier levain avec la farine; on pétrit cette pâte et on la laisse reposer. Lorsque ce second levain s'est suffisamment gonflé, on fait le pétrissage avec le restant de la farine que l'on convertit en pâte. C'est le travail le plus pénible du boulanger, il exige un ouvrier fort, vif et adroit. La pâte est maniée pendant un temps plus ou moins long, afin de la rendre bien liante, longue, et de faire entrer autant d'eau que possible. Elle devient aussi plus légère parce qu'il s'y introduit de l'air. —

Cet ouvrier parce que tout un devant le pétrin, est occupé au pétrissage ; à Paris, on l'appelle le Geindre. Dans les ménages, ce sont ordinairement les femmes qui font le pain : Elles ne préparent qu'un levain la veille avec le levain de chef ou le petit levain ; elles emploient alors le tiers de la farine qu'elles ont à convertir en pains. Le lendemain elles pétrissent.

Cette opération demande de la force ; elles y suppléent souvent par l'adresse, et j'en ai vu qui réussissaient à faire d'aussi bon pain que le boulanger. Il y en a quelques-unes qui attachent une espèce de vanité ou d'orgueil à bien faire le pain. C'est dans l'eau employée sur la fin du pétrissage que l'on ajoute le sel de cuisine qui donne bon goût au pain. Après le pétrissage, les Boulangers laissent la pâte dans le pétrin, ou bien ils la relèvent pour la mettre dans une auge, ou quelquefois une corbeille d'osier très-serrée et saupoudrée de farine, c'est-à-dire qu'avec la main on répand de la farine pour que la pâte ne s'attache pas à l'osier. Dans les ménages, on met aussitôt la pâte dans des corbeilles d'osier rondes ou en forme de soucoupes. On ne met dans chaque que la quantité nécessaire pour faire un pain ou une miche ronde. Dans les campagnes, on fait des miches très-grosses.

Lorsque la pâte est faite, le boulanger la retire du pétrin et la met par petites portions sur une table. Il la façonne pour lui donner la forme du pain long ou rond, qu'il met dans un panneton. Le panneton est une corbeille longue garnie en dedans d'une toile serrée. On voit sur la gravure, le garçon qui façonne la pâte sur une table. Il est un peu plus habillé que le Geindre. Dessous ou près de la table, sont des corbeilles longues ou pannetons pour recevoir la pâte. Chaque morceau de pâte est pesé avant d'être façonné et étendu dans les pannetons. La pâte une fois mise dans les corbeilles, est laissée en repos le temps suffisant pour qu'elle lève. Elle se gonfle et augmente de volume au point de dépasser les bords des pannetons. En été, on la laisse à l'air libre, mais en hiver on la couvre. Il ne faut point trop presser la fermentation, le mouvement qui se fait dans la pâte, et qui est le même que lui que vous pouvez observer dans la bière. C'est un talent que de bien saisir le moment où la pâte est levée et bonne à être mise au four, pour cela il faut qu'elle remplisse tout l'intérieur du panneton, qu'elle repousse la main qui la frappe, qu'elle ne se fendille pas, et, de plus, qu'elle ne coule pas lorsqu'on la verse des corbeilles.

Chauffage du four et cuisson du pain

Laissons notre pâte s'apprêter et chauffons le four. Ce n'est pas tout de faire de la pâte, il faut cuire le pain.

Le four est bâti en treillage. Le pavé doit être bien uni pour que le pain
y soit à plat. Le dessous ou la voûte doit être solide et les treillages solidement
liés ensemble. La bouche ou l'ouverture est fermée par une plaque en
tôle forte ou en fonte. Pour chauffer le four, on se sert de fagots ou
de bois blanc fendu et bien sec; on place les bûches d'abord dans le fond
du four et on les allume. On fait le feu ensuite sur les côtés et dans le
milieu, plus ou moins près de la bouche. Lorsque tout le bois est converti
en charbon ou en braise, on l'approche de la bouche avec un ringard
représenté à côté de la pelle, on fait tomber la braise enflammée dans
une braisière en tôle qu'on recouvre pour l'éteindre ou l'étouffer.
Il faut que le temps de chauffer le four soit mesuré avec celui qui
est nécessaire pour que la pâte soit en apprêt, c'est-à-dire levée.
C'est l'habitude ou la pratique qui guide l'ouvrier. Si l'on ne
saisit pas le moment exact, la fournée peut être manquée ou
va mal, et le pain n'a pas bonne mine, une belle couleur. Plus un
four est chauffé souvent, moins il faut de bois pour l'amener au degré
de chaleur convenable pour cuire le pain. Aussi, chez les Boulangers
de Paris et des grandes villes qui font tous les jours plusieurs
fournées, les fours ne se refroidissent jamais comme dans les
ménages qui ne cuisent que tous les huit jours. Au-dessus du
four est une chambre qui peut servir d'étuve, et dessous un tiroir
qui sert à tenir chaud les rôtis et autres plats. Il résulte de ce que
je viens de dire que toute la chaleur est dans la maçonnerie du
four qui la rend à la pâte.

La manière d'enfourner n'est pas une chose indifférente parce qu'il
y a nécessairement dans le four des places plus chaudes les unes que
les autres. Pour enfourner, on renverse les paniers dans la pelle
saupoudrée avec un peu de son fin ou fines recoupes. On place les
pains les plus gros dans le fond et sur les côtés; on met les plus
petits au milieu. On arrange les pains à côté les uns des autres,
de manière à ne pas les déformer, et à ce qu'ils ne tiennent pas ensemble.
Les points par lesquels ils se touchent et qu'on nomme baisures,
sont mal cuits, sans couleur et donnent une mauvaise tournure aux
pains. Lorsque le four est plein, on ferme la bouche, et on l'ouvre de temps
en temps pour voir si la cuisson va bien. Si le four était trop chaud, on laisserait
la bouche ouverte ou à moitié fermée. Il faut éviter de laisser surprendre
la pâte, parce qu'alors le pain est cuit inégalement et la croûte se
sépare de la mie. On dit, dans ce cas, que le pain lève la croûte. On
laisse les pains plus ou moins longtemps dans le four suivant leur grosseur
et selon qu'ils sont faits de pâte ferme ou de pâte molle. Les pains de

ménage bis sont plus de temps à cuire que les pains blancs. On
reconnaît que le pain est cuit lorsqu'en frappant dessous, du bout du doigt
il résonne avec force, et qu'à l'endroit de la baisure, la mie pressée légèrement repousse comme un ressort. En sortant du four, on range les pains à
côté les uns des autres, et on ne les enferme que lorsqu'ils sont parfaitement
refroidis. Il faut éviter de manger du pain chaud, parce que dans cet état
la mie est collante et donne des indigestions. Il est bon de ne manger
le pain que le lendemain de sa cuisson, lorsqu'il est ce qu'on appelle
rassis. Le pain se conserve longtemps, si on le tient dans un endroit sec
et chaud. Pour la marine, on fait de petits pains ronds et plats qu'on dessèche et durcit au point de ne pouvoir être mangés, à moins qu'on ne
les ramollisse dans l'eau, ou mieux, en les plaçant au-dessus d'un vase
dans lequel on fait bouillir de l'eau. Dans un endroit humide ou bien
lorsque le temps est à la pluie pendant plusieurs jours, le pain se ramollit,
il s'humecte, et l'eau pénètre au dedans comme dans une éponge;
alors il se gâte et se moisit. Outre que le pain moisi est d'un goût
très-désagréable, il occasionne des accidents qui n'ont pas été assez
examinés. Le pain bis se moisit plus promptement que le pain blanc,
et les grosses miches de nos villages se gâtent plus vite que les petits
pains de la ville. Avec la fine farine de seigle, on fait des petits pains
qui ont une saveur agréable. et qui se conservent plus longtemps tendres.
La pâte est alors plus difficile à travailler que celle de froment. Dans
les campagnes on fait ce qu'on nomme le pain de méteil; le méteil
est un mélange de froment et de seigle que l'on cultive dans
le même champ, qu'on récolte et bat ensemble et que l'on porte
ainsi au moulin. Le mieux est de moudre le blé et le seigle séparément,
et de mêler les farines comme on le jugera convenable. Le pain de méteil,
lorsqu'on ne laisse pas trop de son, est bon. La farine d'orge, employée
seule, fait un pain de mauvaise qualité, d'où le proverbe: grossier
comme du pain d'orge. Avec la farine de blé de Turquie, on fabrique,
en Italie, des pagnotes ou petits pains qui ne sont pas bons qu'étant
mangés presqu'en sortant du four. L'avoine et le sarrasin ou blé noir,
le carabin des Bretons, ne peuvent servir à faire du pain sans farine
de froment. Il en est de même du riz et de la pomme de terre ainsi
que des haricots, des pois, des fèves et autres farineux. On a essayé
de faire le pain avec une machine, mais on ne parviendra jamais
à faire un pain aussi beau à la mécanique qu'à force de bras. En
cuisant, la pâte perd de son poids, parce qu'une partie de l'eau qu'elle
contient s'évapore. Ainsi le pain cuit pèse moins que la pâte, et,
pour avoir un pain de 2 kilog., il faut mettre 125 grammes en plus
de pâte.

Arbres, Arbustes, Plantes

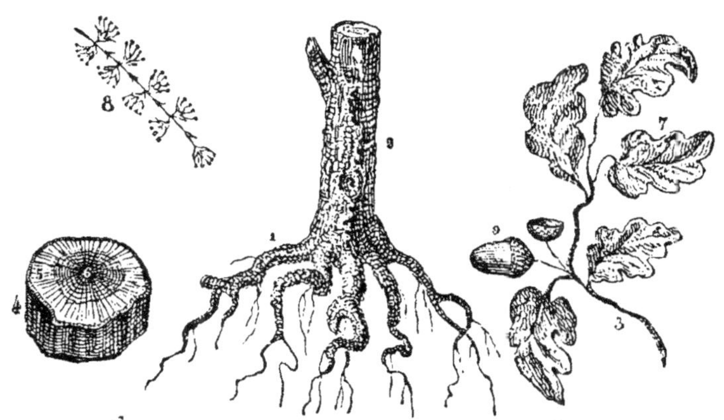

Les diverses parties d'un Arbre (a).

1ʳᵉ Leçon.

Les arbres surpassent toutes les autres plantes en hauteur et en durée. Ils sont à l'homme de la plus grande utilité, car ils rendent plus pur l'air que nous respirons; ils nous fournissent un abri contre les rayons d'un soleil ardent ou contre la pluie; leur bois est employé à nous chauffer pendant l'hiver ou à diverses constructions; les fruits délicieux et abondants que portent plusieurs d'entre eux servent à notre nourriture. Combien d'animaux trouvent sous le feuillage des arbres une habitation suffisante pour eux et leur famille! combien se nourrissent aussi de leurs fruits!

Les arbres tiennent à la terre par leurs racines; mais celles-ci n'ont pas seulement pour usage de fixer l'arbre au sol; elles y puisent encore sa nourriture. Remarquez surtout les filaments qui naissent de tous les côtés sur les grosses divisions de la racine; ces filaments sont tellement fins qu'on les a comparés à des cheveux, et que pour cette raison, on les appelle le chevelu de la racine. Ils se terminent par de petits renflements que l'on n'aperçoit bien qu'au moyen de verres qui grossissent les objets; ce sont comme autant de petites éponges qui s'imbibent des sucs de la terre destinés à entretenir la vie de l'arbre. Car aucun aliment n'arrive à une plante quelle qu'elle soit, à moins d'être dissous dans l'eau. La racine est la partie la plus durable de la plante, comme elle en est la plus nécessaire. Les feuilles peuvent tomber; le tronc

(a) 1. Racine. 2. Tige ou Tronc. 3. Branche. 4. Écorce. 5. Aubier. 6. Cœur. 7. Feuilles, 8. Fleur, 9. Fruit.

être coupés or cependant l'arbre n'est pas encore mort parceque
la racine continue à vivre, même au fort de l'hiver, tandis que toutes
les autres parties languissent, elle croît encore protégée par la chaleur
de la terre. Cependant, toutes les plantes n'ont point des racines
qui vivent aussi longtemps que celles des arbres; il en est même dont
les racines meurent chaque année comme le blé, le seigle, &c. aussi
est-on obligé de semer tous les ans, pour obtenir la récolte de ces plantes.

Les racines tendent à s'enfoncer dans la terre en cherchant l'obs-
curité. La tige est la partie de la plante qui s'élève en sens contraire
de la racine, s'éloigne de la terre et recherche le grand jour. La
tige des arbres a reçu le nom particulier de tronc. Le tronc est
plus gros en bas qu'à sa partie supérieure. Arrivé à une certaine
hauteur, variable selon les différents arbres, il se partage en branches.
Celles-ci qui forment les plus grosses divisions de l'arbre, se parta-
gent à leur tour en rameaux; aux rameaux sont suspendus les
feuilles, les fleurs et les fruits. Le tronc est recouvert d'une écorce;
lisse dans les jeunes arbres, fendillée quand l'arbre commence à vieillir.
Cette écorce est composée de feuillets appliqués les uns sur les autres
ces feuillets sont d'autant plus faciles à distinguer qu'ils se rapprochent plus
du bois. Le bois est la partie la plus dure de l'arbre, qui est recouvert
par l'écorce, comme le corps d'un animal est recouvert par la peau.

Le bois ne présente point une égale dureté dans toutes ses parties;
celui qui est proche de l'écorce, se laisse plus facilement couper, il
est aussi plus blanc, on le nomme aubier; la partie intérieure, est au
contraire, plus colorée et moins tendre, c'est le cœur du bois. Examinez
une bûche, un tronc d'arbre scié et vous reconnaîtrez facilement
comment l'écorce est appliquée sur le bois, et comment l'aubier
diffère du cœur. Les branches naissent du tronc et sont composées
des mêmes parties que lui; ce sont comme des arbres plus petits
qui n'ont pas besoin de racines parce qu'ils sont nourris par
le tronc auquel ils appartiennent.

Les feuilles et les fleurs ne servent pas seulement à

pour les arbres, c'est par les feuilles que se fait la respiration des plantes, c'est de la fleur que viennent les fruits et les graines d'où sortira au jour une plante semblable, comme le petit oiseau sort de l'œuf qui le renferme.

Les feuilles sont, en général, de couleur verte; elles ont deux faces; l'une qui regarde le ciel, l'autre qui est tournée du côté de la terre; la face supérieure est d'une couleur plus foncée, elle est aussi plus lisse. Ces deux surfaces, surtout l'inférieure, sont garnies de petites bouches que l'œil sans verre grossissant, ne pourrait découvrir, et par lesquelles l'air entre et sort aisément. Observez dans une feuille cette grosse fibre qui la traverse dans toute sa longueur, en envoie de chaque côté comme de petites branches; cette fibre, qui en se prolongeant hors de la feuille, communique avec le rameau, contient dans son intérieur des canaux très fins; ces canaux vous portent l'air, que les feuilles ont aspiré, dans l'intérieur de la tige, ou rapportent de la tige aux feuilles la portion d'air que celles-ci doivent rejeter.

La Fleur est le berceau de la graine. Ce berceau est paré des plus vives couleurs, il est comme enveloppé d'une double rangée de rideaux destinés à protéger la graine à peine formée. Cueillez la fleur d'un rosier sauvage, d'un pommier, etc, etc, voyez avec quel art admirable elle est disposée. La première enveloppe verte que vous apercevez tout à fait en dehors se nomme le calice; après le calice vient la corolle, composée de feuilles colorées qu'on appelle pétales pour les distinguer des feuilles proprement dites. Soulevez les filaments jaunes ou verdâtres que vous distinguez au milieu de la fleur, en vous trouverez au fond de celle-ci les graines semblables à de tout petits grains déposés là avec grande précaution, comme des œufs au fond d'un nit.

Mais la fleur se flétrit bientôt et la corolle tombe; ne croyez point cependant que la graine soit laissée toute nue exposée aux intempéries de l'air. La providence a voulu qu'elle fût protégée depuis le jour où elle a été formée jusqu'à celui où elle sera déposée dans la terre. Pendant qu'elle a besoin encore de pomper les sucs de la plante à laquelle elle est attachée, pour arriver à toute sa maturité, elle est renfermée, soit dans une gousse, comme les pois et les haricots, soit dans une coque dure, comme la noix, soit dans une espèce de chair succulente comme le pépin de la poire et de la pomme. On donne le nom de fruits à ces graines entourées de leurs enveloppes protectrices.

Tous les arbres ont des fleurs, mais dans tous elles ne se montrent pas avec un vif éclat. Il en est beaucoup où elles ne se distinguent pas de la couleur des feuilles; c'est dans des plantes plus humbles qu'elles étalent, au contraire, leurs plus riches parures. Tous les arbres ont aussi des fruits de forme et de grosseur très-diverses; nous parlerons plus loin de ceux qui méritent votre attention.

Vie et accroissement des Arbres.

Les arbres vivent comme les hommes, comme les animaux mais leur vie est en général beaucoup plus longue. Celle du chêne, par exemple, est d'environ six cents ans; certains arbres étrangers passent pour vivre plusieurs milliers d'années. Avec une existence aussi prolongée, on ne doit plus s'étonner de la grandeur prodigieuse à laquelle les arbres peuvent atteindre. On voit en Angleterre des chênes de 40 à 50 mètres de haut. Les arbres sont nourris par la sève, comme les animaux le sont par le sang ; la sève est un liquide qui, dans la plupart des arbres, ressemble à de l'eau légèrement sucrée : elle commence à se former dans les racines, puis elle monte dans l'intérieur de la tige, se distribue dans les branches dans les rameaux et jusque dans les feuilles ; ce mouvement de la sève, presque nul en hiver, prend de l'activité au printemps, arrivée dans les feuilles, la sève s'y purifie, puis elle redescend jusqu'au pied de l'arbre, entre l'écorce et le bois et forme chaque année une nouvelle couche de bois et un nouveau feuillet d'écorce. L'écorce est donc formée d'autant de feuillets, le bois d'autant de couches que l'arbre a d'années d'existence. On ne peut compter les feuillets d'écorce parce qu'ils sont trop serrés les uns contre les autres ; mais il est facile de compter les couches du bois et de connaître exactement l'âge d'un arbre, d'une branche, d'un rameau. Examinez de nouveau l'extrémité d'une bûche ou d'un tronc qui a été scié, vous y apercevez des cercles, c'est à dire des lignes arrondies comme un cerceau ; vous remarquez que ces cercles s'entourent les uns les autres, laissant entre eux des intervalles à peu près égaux. Les cercles intérieurs ont été les premiers formés, ce sont les plus petits ; les cercles extérieurs sont les plus grands, ce sont ceux qui indiquent les couches de bois les dernières formées. Comptez maintenant le nombre de ces cercles, supposé que vous en trouviez soixante-dix, l'arbre dont vous regardez le tronc a soixante-dix dix ans. Examinez une de ses branches maintenant, elle vous présentera moins de cercles, car nécessairement elle s'est formée plus tard que le tronc.

Si les arbres et en général toutes les plantes vivent, leur vie cependant est fort différente de celle des animaux ; en effet, les plantes ne sont capables, ni de sentir, ni de se mouvoir ; les animaux peuvent en fuyant éviter le mal qu'on veut leur faire, mais quelle serait la situation d'un pauvre arbre, toujours fixé au lieu où il a pris naissance, si chaque feuille ôtée lui produisait

la même douleur qu'une dent ou qu'un cheveu qu'on vous
arrache. Si lui couper une branche c'était le faire
autant souffrir que couper une jambe à un animal?
La Providence, en ne voulant point qu'il puisse mouvoir,
n'a pour voulu non plus qu'il puisse souffrir. Toutefois,
l'arbre peut, autant que cela lui est nécessaire, recher-
cher ce qui lui est utile et fuir ce qui lui est nuisible,
ses branches se tournent toujours du côté d'où vient
la lumière; renversez un petit rameau de manière à ce que
les feuilles soient tournées en sens inverse, c'est-à-dire qu'
elles aient leur face inférieure tournée du côté du ciel, et
vous les verrez quelque temps après se retourner d'elles-
mêmes et prendre leur position accoutumée; regardez les
feuilles d'un Acacia, le soir, elles sont toutes abaissées
vers la terre, mais dans le jour, quand le soleil vient à donner
sur elles, on les voit au contraire se relever vers le ciel. Les
racines ont une tendance marquée à s'éloigner des endroits
pierreux, pour se porter vers la bonne terre; là, elles se couvrent
d'un chevelu plus abondant pour pomper par un plus grand
nombre de bouches la nourriture abondante qui se présente.
Il existe même une plante qui paraît douée d'une espèce de
sensibilité, et à laquelle, pour cette raison, on a donné le nom
de sensitive; c'est un arbuste qui pousse en Afrique, et
dont les feuilles sont disposées comme celles de l'acacia,
mais sont plus petites; vient-on à toucher une de ses feuilles,
on voit toutes celles qui appartiennent au même rameau se fermer,
et le rameau lui-même s'abaisser comme s'il était mort; un
instant après, le rameau se relève et les feuilles se rouvrent.
Ainsi vous voyez de petits insectes, lorsqu'on les touche,
retirer leurs pattes sous le ventre, se laisser tomber sur
le dos et contrefaire les morts.

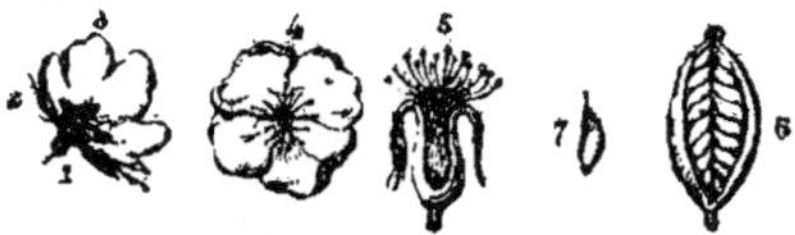

Fleur du Rosier sauvage.

1.Calice, 2.Corole, 3.Pétales, 4.même fleur vue en dedans, 5.fleur privée de ses pétales,
6.fruit coupé pour laisser voir les pepins, 7.épine.

Le Chêne.

2.ᵉ Leçon.

Le chêne est le plus fort et le plus majestueux des arbres qui croissent naturellement en Europe, aussi l'appelle-t-on le roi de nos forêts. Quand il est parvenu à toute sa croissance, son tronc est fort gros, ses branches vigoureuses et tortueuses, ses feuilles sont d'un vert foncé et découpées sur leur bord; ses fruits sont connus sous le nom de glands. Nul arbre en Europe n'est d'un usage plus général, aucun n'a joui dans les temps reculés de plus grands honneurs. Chez les Romains, une couronne de chêne était la plus belle récompense qu'on accordât aux citoyens vertueux. Les gaulois, nos aïeux, regardaient les forêts de chêne comme sacrées, c'est là qu'habitaient leurs prêtres nommés Druides, et qu'ils célébraient leurs sacrifices. Pour nous, si nous n'adorons plus ces beaux arbres, nous en savons tirer de plus grands avantages; mais il faut ne les abattre que quand le besoin l'exige, car ils emploient de longues années à croître et n'atteignent que lentement cette grandeur qui fait notre admiration.

Le bois du chêne est fort dur, aussi est-il employé pour les meilleures charpentes, pour la construction des navires, c'est avec lui qu'on fabrique les charrues, les pressoirs, les tonneaux, en un mot tous les ouvrages qui demandent de la solidité et de la durée. Son écorce n'est pas moins utile; réduite en poudre, elle constitue le tan qui est employé pour fabriquer le cuir; après avoir dépouillé les peaux des animaux de leurs poils, on les laisse longtemps séjourner dans de grandes fosses remplies de tan; et c'est là qu'elles prennent la propriété de ne plus se corrompre, ainsi en conservant leur souplesse et leur solidité. Le tan qui a servi à la fabrication du cuir est séché et employé pendant l'hiver comme moyen de chauffage sous la forme de mottes. L'écorce de chêne est encore utile en médecine, on s'en est servi autrefois pour combattre les fièvres, mais on lui préfère maintenant l'écorce du quinquina, arbre qui croît en Amérique, cette écorce est beaucoup plus amère que celle du chêne, elle est aussi beaucoup plus efficace; parmi les dons que la Providence a répandus sur les hommes, en est-il qui mérite plus notre reconnaissance que cette écorce bienfaisante placée juste dans le lieu de la terre où les fièvres sont le plus communes?

Le liège, cette substance légère qui surnage facilement au-dessus de l'eau, et avec laquelle on fait des bouchons, est aussi l'écorce d'une espèce de chêne qui croît dans le midi de la France. Les glands ne sont pas non plus sans utilité: quoique d'un goût fort âcre, ils sont recherchés avec avidité par les sangliers et par les porcs domestiques. Tous les glands même n'ont pas ce goût repoussant: certains chênes du midi de l'Europe en produisent qui peuvent être mangés comme les châtaignes, et on ne doit pas regarder absolument comme une fable ce qui a été raconté par les anciens poètes grecs, que dans l'origine du monde, les hommes se nourrissaient de glands avant qu'une Divinité leur eût fait connaître l'usage du blé. Vous avez sans doute observé quelquefois, sur les feuilles de chêne des excroissances charnues, arrondies, de la grosseur d'une cerise; ces excroissances sont beaucoup plus abondantes sur certains chênes de l'Asie; elles sont produites par de petits insectes qui y déposent leurs œufs. Les excroissances appelées noix de galle sont employées pour fabriquer l'encre, et les teintures noires.

Pin .   Sapin .

3ᵉ Leçon .

« Après le Chêne, l'arbre le plus utile de nos forêts
est le Pin; son tronc droit fournit un grand nombre de
branches qui présentent la forme d'un vaste parasol. C'est vers
l'extrémité des rameaux qu'apparaissent les fleurs; au
printemps, elles laissent échapper une grande quantité de poussière jaune, qui couvre non seulement
l'arbre, mais les corps voisins; on a vu assez souvent
cette poussière emportée par les vents, tomber à une
grande distance en forme de pluie.

Les fruits appelés cônes ou pommes de pin, se
composent d'écailles épaisses rapprochées les
unes des autres et qui renferment des amandes
huileuses. Tout l'arbre exhale une odeur particulière de résine... (On appelle résine une substance
qui brûle avec beaucoup de flammes en répan-
dant une odeur forte et qui ne peut se
dissoudre dans l'eau.) Les pins croissent dans
les terrains où les chênes ne réussiraient point;
dans le sable, sur les montagnes, sur le bord de
la mer, où ils se plaisent à être battus par les

vents qui déracineraient tout autre arbre; leur croissance
est beaucoup plus rapide que celle des chênes; ils vivent
moins longtemps que ceux-ci.

La tige des Pins sert à la construction
des mâts de vaisseaux; on les creuse aussi dans
leur longueur pour conduire l'eau des sources.
Ils sont peu employés pour la construction des
maisons en raison de l'odeur forte qu'ils répandent, mais ils servent beaucoup au chauffage
et ils brûlent avec la plus grande facilité; les
jeunes branches même sont employées comme
torches dans les pays de montagnes. Les sucs
résineux qui en découlent fournissent l'essence
de térébenthine dont l'odeur est si pénétrante, et qui
sert en peinture; la poix, dont se servent les
Cordonniers; le goudron, avec lequel on préserve
les vaisseaux de l'humidité; la colophane avec laquelle
les joueurs de violon frottent leur archet.

Les fruits du pin ordinaire ne peuvent guère
servir qu'à alimenter le feu, leur saveur est trop
âcre. Mais on en cultive un dans le midi, appelé
Pin-pignon, dont les amandes sont aussi agréables
à manger que celles des noisettes.

Le Sapin ressemble beaucoup au Pin; mais ses
branches, un peu pendantes, commencent plus
bas, et sa forme est celle d'une pyramide. Le Sapin
est très-commun dans les montagnes des pays
froids. C'est avec son bois que les menuisiers
fabriquent les planches minces et légères dont
ils font un grand usage.

Le Pin et le Sapin sont appelés arbres verts, parce qu'ils
ne sont jamais dépourvus de feuilles, et que même dans
l'hiver leurs rameaux sont encore chargés d'un feuillage
dont la verdure fait contraste avec la blancheur de la neige.

Les Palmiers.

4e Leçon

Si les chênes et les Pins occupent le premier rang dans les forêts de l'Europe, les Palmiers sont les premiers des arbres dans les contrées plus chaudes de l'Afrique, de l'Asie et de l'Amérique; sous l'influence d'une chaleur plus grande, ils atteignent aussi une taille plus considérable. Certains d'entre eux s'élèvent jusqu'à 40 et même 60 mètres. Leur tige arrondie nommée stipe s'élance dans les airs sans se diviser. Intérieurement elle n'est plus formée de couches de bois se recouvrant les unes les autres comme le tronc de nos arbres, mais elle est composée de longues fibres très-résistantes. Le sommet de cette immense tige est couronné de feuilles nombreuses, toujours vertes, rangées par étages; ces feuilles sont écartées les unes des autres en forme d'éventail. Les fleurs qui naissent au milieu de ce bouquet de feuilles n'ont point d'éclat. Leurs fruits, tantôt charnus, tantôt en forme de noix, sont recherchés par les singes qui viennent en troupe se jouer dans ce vaste feuillage.

Il n'est aucune partie de ces précieux végétaux qui soit perdue pour l'homme. On trouve en dehors de l'arbre des filaments qui peuvent faire d'excellents cordages. Le bois est très dur et peut être employé à toutes sortes d'usages il ne se corrompt pas. Les feuilles servent à écrire, à couvrir des maisons, à faire des nattes des paniers, des chapeaux, des parasols; Certains Palmiers fournissent des produits non moins précieux, un d'eux laisse découler une cire propre à faire de la bougie; un autre fournit également de petites gouttelettes qui en se séchant, donnent une farine légère et fort délicate. Le Palmiste est surmonté à son extrémité d'une espèce de chou délicieux à manger, mais qu'on ne peut couper sans faire périr l'arbre entier. La plupart, si on incise leur tige vers le point où s'attachent les feuilles, laissent sortir un liquide sucré que sa couleur blanche et sa saveur douce et agréable ont fait nommer lait de Palmier. Cette liqueur demande à être bue promptement, car dans les vingt-quatre heures elle s'aigrit. Il ne faut point d'ailleurs répéter souvent cette opération, car elle épuise l'arbre en le privant de la sève qui le nourrit. Les principaux Palmiers sont le Dattier et le Cocotier.

Le Dattier est un Palmier qui croît naturellement en Afrique et en Asie; sa tige ordinairement élevée de 12 à 15 mètres est surmontée d'un bouquet de feuilles longues de 3 mètres: entre ces feuilles pendent des rameaux surchargés de fruits qu'on appelle dattes, qui ont environ la longueur et la grosseur du pouce. Les dattes ont une chair sucrée et une amande très-dure. Séchées au soleil, elles ont à peu près la consistance des pruneaux: on ne les emploie guère chez nous que pour préparer des tisanes aux personnes enrhumées; mais elles composent en partie la nourriture des pauvres habitants de l'Afrique et de l'Inde. Les riches tirent de celles qui sont les plus mûres un sirop qui sert de sauce à beaucoup de mets. Les amandes extraites des noyaux, peuvent, après avoir été ramollies dans l'eau, être données aux chameaux, aux bœufs et aux brebis qu'elles engraissent.

Le Cocotier n'est pas moins utile que le Dattier. Il appartient principalement aux Indes et à l'Amérique. Son tronc est plus élevé que celui du Dattier; ses feuilles toujours placées au sommet, sont de 4 mètres de long et de 1 m de large. Le fruit est une espèce de noix de la grosseur d'un melon, contenant une amande qui a le goût de la noisette, et qui, avant d'être complètement mûre, est entourée d'une liqueur claire et rafraîchissante. L'amande, lorsqu'elle est arrivée à sa maturité, fournit par la pression une huile délicieuse. La coque dans laquelle elle est renfermée est susceptible de recevoir un beau poli, d'être sculptée, et on en fabrique des vases et des coupes fort jolies.

L'écorce extérieure du fruit est composée d'une espèce de bourre qui sert aux mêmes usages que la filasse du chanvre, qu'elle remplace même avantageusement parce qu'elle ne se pourrit pas aussi vite. La grande utilité de cet arbre précieux le fait cultiver avec soin par les habitants de l'Inde et du Brésil. Ils le ménagent plus que tout autre Palmier et se font scrupule de manger le gros bourgeon appelé chou qu'il produit chaque année, parce que la perte de ce bourgeon le fait promptement mourir.

Les Arbres fruitiers.
5.ᵉ Leçon.

Tous les arbres portent des fruits diversement conformés, dont la graine confiée à la terre reproduit un arbre semblable, mais on réserve le nom d'arbres fruitiers à ceux qui donnent les fruits savoureux ou doucereux faisant notre nourriture pendant l'été et l'automne, et dont quelques-uns même peuvent se conserver pour le reste de l'année. La France est heureusement partagée sous ce rapport; il n'est point de pays sur la terre qui en produise un plus grand nombre. On appelle Vergers les lieux où l'on cultive réunis un grand nombre de ces arbres. Ce n'est qu'avec des soins assidus qu'on parvient à leur faire rapporter de bons fruits et à en conserver les meilleures espèces. Il faut placer les arbres dans la meilleure position, leur donner la forme la plus convenable, les élaguer, c'est-à-dire retrancher les branches inutiles. Les plus délicats d'entre eux, ceux qui ont le plus besoin d'être abrités contre les vents, sont étalés contre les murs des jardins qu'ils tapissent de leur feuillage, de leurs fleurs et de leurs fruits. On donne à cette disposition le nom d'Espaliers. Les arbres de plein vent s'élèvent, au contraire, sans le secours de murs ou de palissades: toute leur culture se réduit à les élaguer de temps en temps. Il en est d'autres auxquels le jardinier donne des formes agréables, qui en diminuant le nombre des branches, favorise le développement des beaux fruits. Tels sont les arbres en quenouille, dont la tige est réduite à 2 mètres environ et dont les branches sont taillées d'autant plus courtes qu'elles sont plus près du sommet; les arbres en éventail dont le nom indique la forme étalée. La taille

des arbres ne se fait pas au hasard, elle demande au jardinier soin. C'est vers la fin
de l'hiver qu'on commence à la pratiquer ; armé d'une serpette bien tranchante
le jardinier coupe toutes les branches qui s'écartent de la direction qu'il
veut donner à l'arbre, celles qui manquent de vigueur, celles qui donneraient beaucoup de bois et peu ou point de fruit. Mais à quel caractère peut-il
donc longtemps d'avance reconnaître si un rameau ne doit porter que les feuilles,
ou s'il promet des fleurs et des fruits ? C'est à la nature des bourgeons.

Vous avez souvent remarqué sur la tige, sur les branches et sur les rameaux
de petites éminences verdâtres, qui, vers l'époque du printemps, couvrent
les arbres, gardez-vous bien dans votre ignorance, de les abattre, comme
font ces méchants enfants qui n'ont de plaisir qu'à détruire. Ces
bourgeons sont l'espoir du jardinier, car c'est d'eux que doivent sortir
les nouvelles branches, les feuilles, les fleurs et par conséquent les fruits. Les bourgeons
sont comme autant de petits arbres, implantés dans l'arbre qui leur a donné
naissance ; ils n'ont point besoin de racines pour vivre, car leurs fibres se conti-
nuent avec celles de l'arbre. Ils se nourrissent ainsi de sa substance, mais
sans l'épuiser. Les bourgeons commencent à se montrer dans l'été ; à
cette époque ils sont très-faibles et se cachent dans le point qui unit les
feuilles à l'écorce : on leur donne alors le nom d'œil. Ils grossissent vers
l'automne et sont appelés boutons, mais ce n'est que vers le printemps suivant,
qu'après s'être nourris pendant tout l'hiver, ils méritent le nom de bourgeons.
Comme ils doivent passer l'hiver, et qu'ils sont d'une aussi grande importance,
voyez avec quel soin la providence les a protégés. Ils sont renfermés dans
des écailles dures, recouvertes d'une matière gluante sur laquelle la pluie
glisse sans s'arrêter ; ceux des arbres qui habitent les pays froids, sont en
outre garnis d'une sorte de duvet, qui les tient bien chaudement
abrités pendant la saison rigoureuse. Aussitôt les premières chaleurs venues,
ils s'entr'ouvrent, ils rejettent leurs vêtements d'hiver, mais qu'une gelée ins-
tandue ne vienne pas à les saisir ; nus comme ils sont, ils périraient bientôt.
Parmi les bourgeons, les uns sont allongés et pointus. Ils ne renferment que
des rameaux et des feuilles ; d'autres sont courts, renflés, arrondis : ce sont les
plus précieux, car ils renferment les fleurs.

Un autre avantage des bourgeons, c'est de servir à conserver les
meilleures espèces d'arbre par la greffe. On appelle ainsi une opération
qui consiste à enter sur un arbre un rameau ou un morceau d'écorce portant

toute un bourgeon pour le transporter sur un autre arbre de même espèce.
Les graines ne poussent que fort lentement et d'ailleurs les arbres sortis de
graines se rapprochent toujours des _sauvageons_ qui croissent sans culture
dans les bois et donnent des fruits âpres au goût. Par la greffe, on implante
sur un _sauvageon_ vigoureux un petit rameau détaché d'un arbre cultivé, en
ayant soin que les écorces soient exactement parfaites; le rameau étranger s'unit à
l'arbre qui l'a reçu, quand cette union est bien consolidée, le jardinier coupe la tête
du sauvageon pour que la nouvelle branche attire à elle seule la sève nourricière.

Le Pommier.

Le Pommier est le plus important des arbres fruitiers, à
cause du grand nombre de lieux où il est cultivé et des produits
qu'on en retire. Il se plaît dans les contrées où la chaleur est tempérée,
et ne redoute pas le froid, à moins qu'il ne soit très rigoureux. Il est beaucoup moins délicat que la vigne, aussi la remplace-t-il dans la plus grande
partie de la Normandie, de la Bretagne et de la Picardie. Là où les raisins ne
peuvent plus arriver à maturité, le pommier peut donner d'excellents fruits.
L'arbre est de moyenne grandeur; abandonné à lui-même, il étend ses
rameaux tout autour de lui, de manière à former en quelque sorte un vaste
parasol très bombé. Les fleurs se montrent vers la fin d'avril; elles sont assez grandes,
d'un rose pâle, rassemblées en bouquet à l'extrémité des rameaux. Elles
sont accompagnées de feuilles naissantes d'un vert tendre. Les jardiniers
lui donnent par la taille les différentes formes indiquées précédemment, ils sont
aussi parvenus à obtenir de petits pommiers très vigoureux qui s'élèvent
à peine à 1 mètre de terre, et que pour cette raison on appelle
pommiers nains. Le fruit du Pommier, la pomme, est connu de
tout le monde; au milieu de sa chair ferme et sucrée se trouvent
cinq petites loges formées par une membrane mince et résistante;
chacune de ces loges contient deux pepins qui sont les graines du fruit.

On retire des pommes une liqueur connue sous le nom de _Cidre_,
qui, dans un grand nombre de pays, et en particulier dans l'ouest de la France,
tient lieu de vin. Les arbres qui donnent les pommes à cidre sont cultivés
avec moins de soin que ceux des jardins et des vergers, ils se rapprochent des
pommiers sauvages, et portent des fruits dont le goût est acide, doux ou amer.
Pour préparer le cidre, on commence par récolter toutes les pommes qui

mûrissent en même temps ; il est bon de n'employer que
des fruits de même qualité et de ne point mélanger, comme
on le fait très souvent, des pommes vertes et d'autres à demi pourries,
des pommes douces et des pommes acides. Les fruits ayant été
recueillis par un beau temps, on les fait en outre sécher par petits
tas puis on les écrase, soit à l'aide d'un pilon ou d'un maillet,
soit mieux encore sous une meule ; on ajoute un peu d'eau puis
on abandonne le tout dans de grandes cuves couvertes, pendant
une demi-journée. Du jus se trouve déjà rassemblé en assez grande
quantité dans les cuves, mais une plus grande quantité est retenue
dans les morceaux à moitié brisés; cette portion solide appelée marc,
doit être étendue sur la table du pressoir, on en forme plusieurs couches
séparées par de la paille longue. Puis, quand le marc est bien égoutté, on
le recouvre de fortes planches, sur lesquelles on presse au moyen d'une
grosse vis en bois. Le suc qui coule est reçu dans les cuves;
et de là il est versé dans les tonneaux. Les tonneaux ne sont pas
complètement remplis, car au bout de quelque temps la liqueur
commence à fermenter, c'est-à-dire qu'elle semble bouillir; une mousse épaisse
et rougeâtre sort par le bondon, et de temps en temps on est obligé de rem=
plir la pièce. Enfin le bouillonnement s'apaise, la liqueur s'est épurée
et toutes les impuretés qui ne sont point sorties par la fermentation se sont
précipitées au fond sous forme de lie. C'est l'époque où le cidre
est bon à boire. Le marc qui ne peut plus rendre de jus n'est
pas entièrement perdu ; en le lavant avec une certaine quantité
d'eau, on obtient une boisson agréable nommée petit cidre. Le
marc sert encore à engraisser les animaux domestiques tels que
moutons, vaches, porcs et volailles. Desséché au soleil, il brûle
parfaitement et fournit une cendre qui peut servir, soit à la lessive,
soit à rendre certaines terres plus fertiles.

Il existe beaucoup d'espèces de pommes, très-différentes sous
le rapport de la grosseur et de la qualité. Les plus petites sont les
pommes d'api, fermes et croquantes, qui doivent leur parfum à la peau
vermeille dont elles sont recouvertes les plus grosses sont les Rambours, qui
ne sont en général bonnes qu'étant cuites. Les plus sucrées sont les Reinettes.

La Vigne
6ᵉ Leçon.

La vigne n'est point rangée parmi les arbres, on la considère comme un *arbrisseau*, nom que l'on donne aux plantes qui ont encore la consistance du bois, mais dont la tige se partage près de la racine en un grand nombre de rameaux médiocrement élevés. Cependant la vigne peut acquérir une longueur considérable, mais c'est en se roulant autour d'arbres qui lui servent d'appui, ou en s'élevant soit contre un mur, soit le long d'une palissade ; il est certain qu'elle peut vivre plusieurs siècles. Elle a été connue dans les temps les plus reculés ; vous avez lu l'histoire de Noé, qui le premier, apprit de Dieu à la planter, mais qui ne sut point se garantir contre les effets pernicieux du vin pris en trop grande abondance. Les Grecs et les Romains la plaçaient sous la protection d'un de leurs faux dieux nommé Bacchus.

Les racines de ce végétal sont couvertes d'un chevelu très abondant, sa tige présente, de distance en distance, des renflements appelés nœuds, l'écorce en est brune, les feuillets qui composent cette écorce n'adhèrent que très peu les uns aux autres, de sorte qu'ils se détachent continuellement en forme de petits rubans. Le bois n'offre point d'aubier et est par conséquent fort dur ; la tige et les principaux rameaux sont appelés sarments : cette tige sarmenteuse ne peut se soutenir par elle-même ; elle cherche un appui dans les corps voisins qui l'entourent ; ses rameaux s'accrochent au moyen de filaments contournés appelés vrilles. Les feuilles sont larges, découpées, un peu cotonneuses en dessous. Les fleurs petites, verdâtres, disposées en grappes, répandent une odeur agréable. Le fruit, appelé Raisin, est composé de grains dont la chair délicate contient plusieurs pepins très-durs ; les grains varient beaucoup en grosseur en en couleur. Il en est qui ne sont pas plus gros qu'un pois, tandis que d'autres acquièrent le volume du pouce ; la peau est tantôt d'un vert jaunâtre, tantôt d'un rouge violet plus ou moins foncé. Les raisins, quand ils commencent à se montrer, forment comme les fleurs auxquelles ils succèdent, des grappes redressées ; mais, à mesure qu'ils grossissent, ils en traînent la grappe en bas et la forcent à prendre en se renversant la position qu'elle occupe à l'époque de la maturité. Toutes les parties de la vigne sont acides, le raisin surtout, avant d'être mûr, contient un suc très-aigre appelé verjus.

La vigne doit beaucoup à la culture ; celle qui croît naturellement et que l'on rencontre souvent dans les haies du Midi de la France, ne donne que de petits grains noirs d'une saveur acerbe.

La vigne ne réussit, ni dans les pays très-chauds, ni dans ceux où l'hiver est trop rigoureux ; une forte chaleur grille les feuilles, et dessèche les fruits ; la gelée, venant à saisir la tige au moment où la sève commence à monter, glace ce liquide et déchire les petits canaux qui le renferment. La vigne préfère les coteaux exposés au levant et au midi, où elle reçoit le plus longtemps possible les rayons du soleil. La terre légère, rocailleuse, est celle où elle paraît le mieux réussir ; dans les plaines et dans les terres grasses, la récolte peut être abondante, mais elle est d'une qualité inférieure. La vigne est cultivée dans tout le midi de l'Europe et dans les contrées tempérées de l'Asie et de l'Amérique ; mais il n'est peut-être pas de pays où elle donne des produits plus variés et plus agréables qu'en France, et où elle soit l'objet d'un commerce aussi étendu.

Aussitôt que le temps de la récolte est arrivé, de nombreuses troupes de vendangeurs se répandent de tous côtés. La joie anime le travail, chacun y prend part selon ses forces. Les femmes, les enfants cueillent les raisins, les hommes les transportent dans des hottes jusqu'aux voitures où ils sont accumulés dans des tonneaux; là on commence à les écraser avec un morceau de bois, puis on les remue au cellier pour être versés dans la cuve; c'est un immense baquet où l'on réunit toute la vendange; des hommes y descendent, et avec leurs pieds recouverts de sabots, ils pressent, ils écrasent les grains. Cependant la fermentation s'établit; pour le vin comme pour le cidre, c'est l'épuration du liquide; sa masse s'échauffe, se soulève, et semble bouillir. Ce bouillonnement est causé par une vapeur invisible qui se produit dans la fermentation et que l'on appelle gaz carbonique, quoique ne pouvant être aperçu par les yeux; ce gaz n'en a pas moins des effets très-dangereux; il asphyxie, c'est-à-dire il prive de respiration les hommes et les animaux qui y sont plongés, il éteint les lumières; aussi, pendant tout le temps que dure la fermentation des cuves, doit-on avoir soin que les portes et les fenêtres du cellier soient ouvertes pour que l'air y pénètre plus facilement; et, quand elles ont été fermées, il ne faut entrer qu'avec beaucoup de précaution et en portant une lumière à la main. Si la lumière pâlit ou s'éteint, il faut se hâter de sortir; car on ne tarderait pas à perdre la vie. Par la fermentation, la liqueur, de sucrée qu'elle était, devient vineuse, elle se colore aussi quand les raisins sont rouges, car c'est dans la peau du raisin que se trouve la couleur. Quand les signes de la fermentation ont cessé dans la cuve, on fait découler le vin qui est encore trouble, et on en remplit des tonneaux dont on ne bouche pas la bonde, car la fermentation se continue encore quelque temps dans ces tonneaux, comme on le reconnaît à l'écume épaisse qui en sort; quand on n'en voit plus sortir, on ferme le tonneau, mais il s'en produit encore une petite quantité qui se précipite au fond et constitue la lie. Lorsque le vin a cessé de couler de la cuve, on porte le marc, c'est-à-dire la partie solide restée dans la cuve, sous le pressoir. Là, il s'écoule encore une grande quantité de vin plus âpre au goût et plus coloré.

Les vins sont rouges ou blancs. Les vins rouges proviennent

des raisins noirs qui ont fermenté avec l'enveloppe de leurs graines. Les vins blancs sont fabriqués avec des raisins blancs, ou même avec la liqueur des raisins noirs, pourvu qu'on la sépare promptement des peaux. On donne le nom de vin doux au liquide qui s'échappe des raisins aussitôt qu'ils sont pressés ; ce liquide conserve le goût sucré qui est propre au raisin, mais qui se perd dans la fermentation.

Le vin, quand on en use avec modération et surtout qu'on le mélange avec de l'eau, est une boisson agréable et propre à soutenir les forces de l'homme, mais s'il est pris en trop grande quantité il cause l'ivresse, état hideux dans lequel l'homme perd sa raison et descend au dessous de la condition des brutes. Toutefois, quand vous rencontrerez un homme qui s'est abandonné à sa malheureuse passion pour le vin, gardez-vous bien de l'insulter, vous pourriez exciter sa fureur, et le porter à des actions coupables dont vous seriez les victimes et dont il se repentirait trop tard quand la raison lui serait revenue. Rappelez-vous avec quelle sévérité Dieu punit Cham, le mauvais fils de Noé, pour n'avoir pas couvert de son manteau son père, que l'ignorance des propriétés du vin avait plongé dans l'ivresse, et surtout, puisez dans ce triste spectacle la ferme résolution de ne jamais vous livrer à ce défaut et de ne point devenir à votre tour le jouet des méchants et des oisifs.

En distillant le vin, c'est-à-dire en le chauffant dans des vases fermés d'où la vapeur ne peut s'échapper que par un long tuyau recourbé, on obtient l'eau-de-vie, liquide d'une saveur brûlante, beaucoup plus dangereux que le vin et dont l'usage habituel épuise les personnes auxquelles il semble momentanément donner des forces.

Le vinaigre est encore un des produits du vin, il se forme par l'exposition du vin à l'air dans un endroit un peu chaud. Le vinaigre rouge provient du vin de la même couleur. Le vinaigre blanc est fait avec du vin blanc.

L'esprit de vin ou Alcool s'obtient par la distillation de l'eau-de-vie elle-même. C'est un liquide blanc d'une saveur brûlante, il s'enflamme avec la plus grande facilité et ne laisse aucun résidu. Il a une foule d'usages dans les arts et en médecine. Beaucoup de substances, les résines, par exemple, qui ne peuvent être dissoutes par l'eau, se dissolvent très-bien dans l'alcool.

Le Cotonnier.

7.ᵉ Leçon.

Voici un arbrisseau bien humble qui s'élève peu au-dessus de terre et qui cependant surpasse en importance les géants du règne végétal. Que de vaisseaux traversent les mers pour rapporter le coton fourni par cette arbre! que de bras sont employés à le récolter, à le filer, à le tisser. Le cotonnier croît naturellement dans les pays chauds. Là il s'élève jusqu'à une hauteur de 4 à 5 mètres, mais il en est une autre espèce qui n'a point un mètre de haut. Ces arbrisseaux portent des fleurs rouges ou jaunes qui ressemblent beaucoup à celles de la mauve. Leurs fruits sont des espèces de petites coques sèches contenant plusieurs graines chargées de longs filaments blancs et fins doux que l'on connaît sous le nom de coton. Tout coton n'est point parfaitement blanc, il en est même qui tire sur le roux et le brun. Le cotonnier est particulièrement cultivé en Égypte, dans l'Inde et en Amérique. Au bout de quelques années il meurt ou ne produit que peu de coton et il faut le renouveler. On recueille les graines vers le moment où les coques commencent à s'ouvrir; les nègres qui, dans les colonies de l'Amérique, sont chargés de ce travail, récoltent les coques mûres avec soin, en évitant de casser celles qui sont encore vertes. On porte la récolte devant la maison du maître, et après avoir fait sécher les graines pendant deux ou trois jours au soleil, on les met en magasin. Dans ces magasins, le coton est exposé à être gâté par les rats qui sont fort avides des graines du cotonnier. Pour séparer le coton de la graine, on le fait passer entre deux rouleaux de bois tournant l'un contre l'autre. Quand le coton est bien épluché, on procède à l'emballage. Le coton est alors enfermé dans des sacs de toile forte où il est foulé par les pieds d'un nègre. Le plus beau coton vient de l'Inde. C'est aussi dans ces contrées que sont fabriquées les étoffes de la plus grande finesse. Le coton est maintenant d'un très-grand usage en Europe, pour fabriquer le linge et les vêtements des femmes: on s'en sert beaucoup plus que de la toile faite avec du lin ou du chanvre; celle-ci est moins chaude et coûte plus cher, mais aussi elle dure bien davantage.

Le Lin et le Chanvre.

8ᵉ Leçon.

Le Lin est une plante herbacée annuelle, c'est-à-dire que sa tige ne se recouvre point de bois, qu'elle reste à l'état d'herbe, et que sa graine ne peut la nourrir que pendant un an. Les feuilles sont éparses sur la tige, longues et très-étroites; les fleurs qui se rapprochent de celles de l'œillet sauvage, sont placées aux extrémités des rameaux; ces fleurs, d'un beau bleu de ciel forment un contraste agréable avec le vert des feuilles; le fruit qui leur succède est une coque arrondie de la grosseur d'un pois, à dix petites loges, dont chacune renferme une graine brune, ovale, aplatie, très-lisse et luisante. Le Lin est cultivé au nord de l'Europe, surtout en Hollande. La légèreté de sa tige, l'agréable verdure de ses feuilles et la couleur charmante de ses fleurs le font aisément reconnaître dans les champs qu'il contribue à embellir. Le Lin se plaît dans un sol peu humide et fertile. On cueille cette plante quand elle commence à jaunir et que ses graines sont fermes et de couleur brune. Le Lin est d'une grande utilité pour l'homme, ses graines sont employées en médecine pour préparer des tisanes adoucissantes. La farine que l'on retire de ses graines en les écrasant, sert à faire des cataplasmes que l'on applique sur les parties douloureuses et enflammées. Des mêmes graines, on retire une huile grasse très-employée dans les arts; c'est elle que les Peintres mêlent avec leurs couleurs; mais le produit le plus avantageux, c'est la tige elle-même, qui fournit des fils d'une grande finesse.

La soie, qui seule, surpassa en finesse ou en solidité les fils du lin, est produite par un animal, une chenille grisâtre, appelée vulgairement ver à soie. Cette chenille, originaire de la Chine, se nourrit des feuilles du mûrier. Quand elle veut se transformer en papillon elle s'enfonce dans un cocon blanc ou jaune formé d'un seul fil replié un grand nombre de fois sur lui-même. L'accroissement de cette chenille se fait avec rapidité, et quand elle est bien nourrie, elle atteint en cinq semaines la grosseur du petit doigt; après avoir changé quatre fois d'à peau; à cette époque elle cesse de manger et cherche quelque lieu où elle puisse se suspendre et filer son enveloppe de soie: Longtemps les chinois possédèrent seuls le secret d'élever ces animaux. En France, ce n'est que depuis le roi Henri IV que la culture du mûrier et l'art d'élever les vers à soie, sont devenus une des branches de l'industrie du midi.

Le Chanvre s'élève plus haut que le lin, sa tige élevée, effilée, monte jusqu'à 2 et 3 mètres; ses feuilles sont divisées comme les doigts de la main, aiguës, rudes au toucher, d'un vert jaunâtre. Parmi les tiges, les unes ne portent que des fleurs; les autres rapportent des graines; à celles qui portent les fleurs, on donne le nom de chanvre mâle, et le nom de chanvre femelle à celles qui donnent les graines. Les graines ont la forme d'une petite coque qui se brise aisément et qui contient une amande huileuse; elles sont connues sous le nom de Chènevis. On en nourrit les oiseaux.

Cette plante est beaucoup moins agréable à la vue que le lin; toutes les parties qui la composent exhalent une odeur désagréable et qui peut devenir dangereuse. Ainsi on a remarqué que ceux qui restent longtemps exposés aux exhalaisons du chanvre, éprouvent un violent mal de tête, s'imaginent voir les objets tourner autour d'eux, en un mot, ressentent l'ivresse; il en est même une espèce avec laquelle les Indiens préparent une boisson plus enivrante que l'eau de vie. Malgré ce mauvais effet, on cultive le chanvre en raison de l'utilité qu'on retire des filaments de sa tige. Les préparations par lesquelles on sépare les fils sont à peu près les mêmes pour le chanvre que pour le lin.

seulement le fil du lin étant plus fin demande plus de ménagement. Les tiges sont arrachées au moment où on les voit jaunir ; on coupe les racines et l'on abat les feuilles. La première opération qu'on fait ensuite subir aux tiges est le _rouissage_ ; elle consiste à les laisser dans l'eau pendant quelque temps. L'action de l'eau fait pourrir toute la matière herbacée qui réunit les filaments ; il ne faudrait point que le rouissage fût prolongé trop longtemps, car les fils pourriraient à leur tour. On met rouir le chanvre, soit dans l'eau courante ou l'eau des mares, soit en l'étendant sur des prés humides ; il se dégage pendant cette opération des vapeurs infectes, qui peuvent causer la fièvre aux personnes qui les respirent habituellement : aussi, doit-on avoir la précaution d'éloigner le rouissage, autant qu'il est possible, des habitations. Le chanvre étant suffisamment roui, on le lave à grande eau et on le fait sécher au soleil. Quand il est bien sec, on s'occupe d'obtenir la _filasse_ ; c'est le nom donné aux filaments contenus dans cette plante. On se sert pour cet usage d'un instrument nommé _mâche_ dans beaucoup de campagnes, parce qu'il est formé de deux espèces de mâchoires en bois qui en se rapprochant et s'éloignant alternativement, brisent les enveloppes de la filasse. Lorsque celle-ci a été débarrassée des tiges, on la passe à plusieurs reprises par le _séran_, instrument garni de pointes de fer rangées comme les dents d'un peigne, puis après avoir été bien peignée, elle est mise en bottes. Cette filasse est employée pour faire le fil et les cordes ; avec le fil on tisse la toile propre à faire des draps, des voiles de vaisseaux, des vêtements de toute espèce. La filasse de lin sert principalement à fabriquer la toile la plus fine et la dentelle.

La Canne à Sucre.

9.ᵉ Leçon.

La plante qui produit le sucre est une espèce de roseau de 3 mètres de haut. Sa tige est élancée, droite, arrondie, garnie de nœuds ou renflements, éloignés les uns des autres de 10 à 12 cent.ᵗ. De ces nœuds partent des feuilles beaucoup plus longues que larges qui, avant de s'éloigner de la tige, l'embrassent dans une espèce de gouttière, comme le fait la feuille du blé pour sa tige. Au temps de la floraison, on voit se développer au sommet de la plante, une épi très lâche, composé de petits rameaux garnis de petites fleurs blanchâtres et soyeuses. C'est la tige qui donne le sucre ; à mesure qu'elle mûrit, elle se dépouille de ses feuilles et prend une couleur jaunâtre ; elle est remplie d'une moelle blanche dont on fait sortir par la pression un suc doux très-abondant. La canne à sucre fut longtemps inconnue aux européens ; cependant elle a existé de toute antiquité dans l'Inde. Il y a seulement cinq siècles qu'elle fut apportée en Afrique ; de là elle a passé en Amérique, après qu'on eut découvert cette partie du monde. Les îles du nouveau monde, surtout, ont présenté un terrain favorable à sa culture ; et le sucre est devenu la branche la plus importante du commerce de ces colonies. Malheureusement, la culture de la canne à sucre exige beaucoup de travail et de fatigue. Or, sous ce climat chaud et humide, les Européens ne peuvent travailler à la terre sans être exposés à des maladies terribles qui les font périr promptement. Que firent-ils? Ils allèrent acheter sur les côtes de l'Afrique de pauvres nègres prisonniers de guerre (car les peuples de ces contrées se font souvent la guerre entre eux); ils les transportèrent en Amérique, les firent esclaves et les forcèrent souvent par les traitements les plus cruels, à cultiver la terre. Ainsi s'est établi l'infâme commerce d'hommes connu sous le nom de traite des nègres.

C'est environ au bout de six mois que les cannes sont arrivées à leur maturité, on se hâte de les couper, et, les réunissant par paquets, on les porte au moulin. Les moulins écrasent les cannes sous trois gros rouleaux d'un bois fort dur; ce sont en général des négresses qui sont chargées de glisser sous les rouleaux les cannes que les hommes apportent; de jeunes nègres enlèvent les débris que rejette le moulin. Le suc exprimé coule par une gouttière dans des réservoirs nommés bassins: les débris des tiges sont séchés et servent à chauffer les fourneaux de la sucrerie. C'est là qu'on fait chauffer le suc dans de grandes chaudières jusqu'à ce qu'il ait l'épaisseur d'un sirop; puis on le laisse se refroidir. Quand il est tout à fait froid, il prend la forme de cette poudre jaune connue sous le nom de cassonade; transportée en Europe dans de vastes tonneaux, cette cassonade y est raffinée. Pour obtenir ce résultat, on la fait fondre de nouveau et on la rend plus claire en y mettant du blanc d'œuf ou du sang de bœuf, puis la liqueur chaude est versée dans des moules en terre, où elle se fige dans la forme que vous lui connaissez: une partie reste liquide, c'est la mélasse; une autre partie devient solide, mais ce n'est encore que du sucre brut; pour le rendre complètement blanc, on la couvre d'une couche de terre glaise délayée dans l'eau. Cette eau grasse, en s'écoulant, entraîne les parties de sirop qui étaient restées mêlées au sucre, et en altéraient la blancheur. Celui-ci ne demande plus qu'à être séché pour prendre de la consistance.

La Betterave.

Toutes les plantes que nous avons étudiées jusqu'à présent servent à l'homme, les unes par leur tige, les autres par leurs fruits, quelques-unes par leurs feuilles. En voici une dont la partie la plus utile est la racine. Cette racine, grosse, charnue, s'enfonce dans la terre comme un pivot ; elle est tantôt d'un rouge foncé, tantôt blanche ou jaune. Cette plante manque de tige ; ses larges feuilles partent de la racine, et s'étalent sur la terre. Toutes les parties de la betterave sont utilement employées : les feuilles servent à la nourriture des vaches, sa racine, lorsqu'elle est cuite, a une saveur douce et sucrée, qui la fait employer comme aliment ; mais c'est surtout la grande quantité de sucre qu'elle contient qui la fait maintenant cultiver par un si grand nombre d'agriculteurs. Semées dans le mois d'Avril, les betteraves sont bonnes à arracher dans les premiers jours d'Octobre. Après les avoir arrachées, on en coupe les feuilles et le chevelu, on les lave, puis on les râpe pour en extraire le jus. C'est de ce jus que l'on retire un sucre absolument semblable à celui de canne. Du reste, d'autres racines, comme le navet, la carotte, l'oignon, en contiennent également, mais en moins grande quantité ; on peut en retirer aussi d'un arbre que l'on cultive dans les jardins, et qui est connu sous le nom d'_Érable_ ; en pratiquant des incisions dans l'écorce de cet arbre, on voit sortir une liqueur claire, sucrée, qui n'est autre que la sève. C'est cette liqueur qui donne le sucre. On en recueille ainsi une assez grande quantité dans l'Amérique du Nord, où les cannes ne peuvent pousser en raison du froid, et où les érables sont très-communs.

Avant que le sucre fût connu, les hommes le remplaçaient par le _miel_, substance qui a également pour origine le suc de certains végétaux et particulièrement des fleurs. Ce sont les _abeilles_, espèce de mouches grisâtres à quatre ailes transparentes, qui vont le récolter, et en font provision. Elles se construisent des demeures partagées en petites cellules ou alvéoles dans lesquelles sont déposés leurs œufs ; de ces œufs sortent de petits vers qui, plus tard, se transforment en abeilles, et le miel est la substance destinée à les nourrir.

La Pomme de terre.

10.e Leçon.

De toutes les substances qui servent de nourriture à l'homme, il n'en est point de plus nécessaire, de plus généralement répandue que la farine, poudre blanche, douce au toucher, se délayant fort bien avec l'eau, facile à digérer quand elle est suffisamment cuite. Aussi les plantes farineuses ont-elles été multipliées par la providence sur toute la surface de la terre. Toutes les farines cependant ne sont point parfaitement semblables : les unes sont susceptibles de former avec l'eau une pâte qui se boursoufle, qui lève et qui donne à la cuisson un pain léger ; les autres ne peuvent s'accommoder qu'en bouillie, ou en galettes lourdes et compactes. La première sorte de farine est fournie par le froment et par le seigle ; l'autre peut être obtenue des autres plantes céréales, comme le riz, le maïs, l'orge, qui ont de grands rapports avec le blé et dont vous trouverez l'histoire dans le cahier qui traite de la culture du blé ; mais elle peut aussi se trouver dans des végétaux fort différents. Nous placerons en première ligne la pomme de terre.

Cette plante a une tige herbacée, s'élevant à 60 centimètres au plus, fournie d'un grand nombre de rameaux. Les fleurs, placées à l'extrémité des rameaux, sont blanches, roses ou violettes, il en naît de petits fruits de la grosseur d'une cerise, et qui en mûrissant deviennent noirs. Mais la partie la plus intéressante est la racine : celle-ci est du genre de celles que l'on nomme tuberculeuses, c'est-à-dire qu'aux

filaments qui la composent sont suspendues des masses allongées en arron=
dies, appelées tubercules, et dont l'homme peut tirer un si bon parti. Les
tubercules, faites-y bien attention, sont distincts de la véritable racine,
de celle qui sert à pomper les sucs de la terre et qui est composée,
comme toutes les autres, d'espèce de rameau portant le chevelu. Les
tubercules ne servent nullement à nourrir la plante, mais, comme
les bourgeons dont je vous ai parlé plus haut, ils servent à la
reproduire et à la multiplier. Ce n'est point en effet, par des graines
que l'on obtient des pommes de terre, c'est en plantant leurs tuber=
cules. Vous remarquerez sur ces tubercules de petits enfoncements
appelés yeux ou germes. De chacun de ces germes il naîtra un pied
de pommes de terre. Aussi, quand on plante, si une pomme de
terre est grosse, si elle présente beaucoup de germes, on trouve de
l'avantage à la couper en plusieurs morceaux, en ayant soin de
laisser des germes sur chacun des morceaux. La partie farineuse du
tubercule est destinée par la nature, à protéger le germe, à lui servir
de nourriture quand il commence à pousser et qu'il n'a pas encore
enfoncé de racines dans la terre. Cette partie farineuse, l'homme se
s'est appropriée pour son usage. Cuits dans l'eau ou sous la cendre,
les tubercules forment une nourriture saine et agréable. Ils n'ont
pas besoin de tout l'appareil de la boulangerie pour être transformés
en aliments : un peu de beurre, de graisse, de lard, d'huile, du lait, du
miel, suffisent pour en former un mets excellent, le seul peut-être qui
se trouve également sur la table du pauvre et sur celle du riche.
La pomme de terre ne peut former de pain par elle-même, mais,
mêlée en quantité égale avec de la farine de froment ou de seigle,
elle n'empêche point celle-ci de se lever et se combine avec elle. Le
pain qui en résulte est blanc, mais un peu lourd.

On retire encore de la pomme de terre, en la râpant dans l'eau, une
poudre blanche, nommée fécule. La fécule est de la farine, moins une
autre matière désignée sous le nom de gluten et qui donne à la
pâte la faculté de lever. La fécule est employée pour préparer des potages
et des gâteaux, elle sert aussi à faire de la colle et de l'empois ; on peut aussi
extraire de la pomme de terre une espèce d'eau de vie peu agréable au
goût, mais qui est employée pour brûler et pour entretenir les lampes.

La pomme de terre est originaire de l'Amérique méridionale. Quand les Espagnols s'emparèrent du Pérou, elle composait la principale nourriture des habitants de ce vaste pays. Elle fut apportée un siècle plus tard en Europe, mais elle y resta longtemps dédaignée, abandonnée aux porcs, qui en sont fort avides. Il n'y a pas plus de cinquante ans qu'elle est devenue l'objet d'une culture générale, et dans l'année désastreuse de 1816, où la France était épuisée par de longues guerres et où les récoltes avaient manqué, c'est par elle que vos pères furent préservés de la famine.

Légumes

Dans le langage ordinaire, on appelle <u>légume</u>, toute herbe, toute racine bonne à manger ; mais les savants qui s'occupent de l'étude des plantes, entendent seulement par ce nom, un fruit semblable à celui des haricots, une gousse qui renferme des graines de différente forme. La fleur des légumineuses, c'est-à-dire de toutes les plantes qui produisent des légumes ou gousses, est une des plus agréables à voir et des plus curieuses à examiner, elle se compose de cinq feuilles ou <u>pétales</u> qui ont reçu des noms particuliers. Le pétale supérieur s'étale au-dessus des autres et semble les protéger on le nomme <u>étendard</u> ; sur les côtés deux pétales plus petits sont appelés <u>les ailes</u>, tandis que les deux inférieurs réunis par un de leurs bords forment une espèce de bateau, une <u>carène</u> dans laquelle est logée la gousse alors qu'elle commence à se montrer. Vous trouverez de ces fleurs sur des plantes qui s'élèvent à peine à quelques centimètres de terre, comme la Luzerne, et sur de grands arbres comme l'acacia. Mais toutes ces plantes ne servent pas à la nourriture de l'homme ; les principales que l'on cultive à cet effet, sont les haricots, les fèves, les pois et les lentilles. Les fèves ont une tige rameuse, haute de 70 centimètres environ ; les lentilles, les pois et les haricots ont une tige mince qui ne peut se soutenir par elle même, et qui réclame un appui autour duquel elle s'enroule. Les haricots surtout peuvent s'élever de cette manière assez haut : une espèce, le <u>haricot d'Espagne</u> est employée dans les jardins comme plante d'ornement, à cause de ses belles fleurs rouges, et de la facilité avec laquelle elle grimpe le long des berceaux. Les graines de ces quatre plantes se mangent fraîches ou sèches : fraîches, elles sont d'un goût plus agréable, mais elles nourrissent moins parce que la farine y est moins abondante que l'humidité ; sèches, elles peuvent être conservées pendant plusieurs années, et elles composent la principale

nourriture des pauvres quoiqu'elles ne soient pas non plus dédaignées
par les riches. Si on les écrase quand elles sont cuites, qu'on en prépare
ce qu'on appelle une purée, elles sont d'une digestion facile, mais quand
elles sont revêtues de l'écorce ridée qui entoure la partie farineuse, elles
fatiguent l'estomac des personnes faibles.

Toutes les plantes que nous venons de citer, les différentes sortes de blés,
les pommes de terre, les légumineuses, ne sont pas encore les seules qui
fournissent à l'homme l'aliment farineux dont il a si grand besoin.
Il se trouve dans les îles des plus reculées de l'Asie, un arbre dont les
fruits, gros à peu près comme un melon, contiennent sous une peau
épaisse, une chair blanche dont le goût tient à la fois de la châtaigne
et de l'artichaut; on les fait rôtir sur des charbons ou on les fait cuire
dans l'eau. Deux ou trois de ces arbres suffisent pour nourrir un homme pendant
une année entière; le grand avantage qu'on peut en tirer, les a fait nommer
arbres à pain. Dans l'Amérique, déjà riche de la pomme de terre, existe
le Manioc: c'est un arbrisseau de 2 mètres de haut; ses fleurs rougeâtres,
ou d'un jaune pâle, ressemblent beaucoup à celles de la pomme de terre,
mais sont plus petites; sa racine est la partie employée mais elle demande
une préparation indispensable, car à côté d'un aliment sain, elle recèle un
poison mortel: l'aliment est une farine très délicate et très nourrissante;
le poison est un suc blanchâtre logé entre les grains de cette farine. Aussitôt
que le moment de la récolte est arrivé, on arrache les tiges du manioc et
après avoir séparé les racines qui ont à peu près la grosseur d'une betterave, on en
ôte l'écorce avec un couteau, puis on les lave et on les râpe. La râpure est enfermée
dans des sacs et soumise pendant plusieurs heures à une forte pression; le suc
empoisonné s'écoule, il ne reste plus que la farine, avec laquelle on fabrique de
petites galettes appelées pains de cassave; cette préparation simple suffit, et
jamais la cassave n'a incommodé personne. Le manioc croît promptement,
il se plaît dans les terrains secs, dans des contrées chaudes où la pomme de terre
ne pourrait réussir, et il exige moins de culture que ce végétal.

Plantes nuisibles.

Parmi les végétaux, il en est qui contiennent des sucs dangereux et capables de donner la mort ; ces sucs s'appellent poisons. Tous les poisons ne sont pas d'égale force, tous ne produisent pas les mêmes effets : les uns brûlent les entrailles et y causent d'atroces douleurs, les autres produisent d'affreuses convulsions, il en est qui plongent l'homme dans un sommeil profond, il en est qui amènent le délire et la fureur. Les plantes qui renferment ces poisons sont nommées vénéneuses.

Les plantes vénéneuses se rencontrent presque toutes dans les contrées chaudes de l'Asie, de l'Afrique et de l'Amérique. Mais il s'en trouve aussi en Europe, dans les lieux mêmes que vous habitez. De toutes ces plantes nuisibles, celles qui produisent le plus souvent des accidents sont les champignons.

Ces singuliers végétaux sont dépourvus de feuilles, de fleurs et de fruits ; ils sont constitués par un tissu spongieux et croissent avec une très-grande rapidité, ils sont en général formés d'une partie évasée nommée chapeau, que supporte une petite tige appelée le pied. Tous les champignons ne sont pas nuisibles, il en est, au contraire, dont la chair ferme et parfumée forme un mets agréable : mais c'est là justement la cause de nombreux malheurs. Les champignons dangereux ressemblent souvent à ceux qu'on peut manger sans danger ; trompées par cette ressemblance, des personnes imprudentes en préparent pour leurs repas et ne tardent pas à éprouver de vives douleurs d'entrailles et des vomissements, qui sont les marques de l'empoisonnement. Ne mangez donc jamais que des champignons parfaitement connus, et défiez-vous, en général, de ceux dont l'odeur et le goût sont désagréables, de ceux qui croissent dans les lieux humides et qui se gâtent avec facilité. Mais si par un malheureux hasard vous aviez mangé de mauvais champignons, aux premières douleurs que vous éprouveriez, avant qu'un médecin arrivât à votre secours, il faudrait vous hâter de provoquer les vomissements en portant les doigts au fond de la bouche ou en buvant de l'huile.

Animaux Sauvages.

Le Lion.
1re Leçon.

De tous les animaux féroces, le plus fort, le plus terrible, c'est le Lion, aussi l'appelle-t-on ordinairement le Roi des animaux; sa tête est grosse, belle et remplie d'expression. les formes de son corps sont bien proportionnées, ses pattes sont courtes et nerveuses; sa tête, son cou et ses épaules sont garnis d'une crinière épaisse, sa queue traîne à terre et se termine par une touffe de poils. Sa voix est effrayante, et lorsqu'il rugit la nuit dans les forêts ou dans les déserts, on croirait entendre le bruit du tonnerre. Il a tant de force de corps, qu'il fait avec la plus grande facilité des sauts et des bonds prodigieux. D'un seul coup de son énorme patte à cinq griffes, il peut écraser la tête d'un cheval, et d'un coup de sa queue il pourrait terrasser un homme. Il n'est pas à beaucoup près, aussi gros que l'Éléphant ou le Rhinocéros, mais il ne craint pas de les attaquer. L'Éléphant le combat avec ses défenses; lorsqu'il parvient à le saisir avec sa trompe, il le serre, l'étouffe ou le jette à une grande distance, ou le foule aux pieds et l'écrase de sa lourde masse. Après l'Éléphant et le Rhinocéros, il n'y a d'autres animaux que le Tigre et l'hippopotame qui puissent résister au Lion. Quand il veut attaquer un animal d'une grande force, il tâche de le surprendre, il se cache derrière un buisson et il attend sa proie jusqu'à ce qu'il puisse se précipiter sur elle d'un seul bond. Lorsqu'il se jette sur un buffle, il lui plonge ses ongles dans la gorge, lui fait courber la tête contre terre et s'attache à sa victime jusqu'à ce qu'elle expire après avoir perdu tout son sang; il l'emporte souvent à une grande distance pour le dévorer. Il se nourrit surtout de gazelles et de singes. On assure que la chair qu'il préfère est celle du chameau.

Il mange beaucoup à la fois et souvent pour deux ou trois jours. Il a les dents si fortes qu'il brise aisément les os et les avale avec la chair. On prétend qu'il supporte longtemps la faim, mais fort peu la soif.

Les ongles du lion sont longs, pointus et tranchants, c'est une arme puissante dont il se sert pour déchirer sa proie. Sa langue est dure comme une râpe et hérissée de pointes aiguës, il s'en sert pour diviser la chair qu'il avale sans la mâcher.

On croit que le lion n'a pas l'odorat aussi fin ni les yeux aussi bons que la plupart des autres bêtes féroces. La grande lumière du soleil paraît le gêner, il marche rarement dans le milieu du jour, c'est pendant la nuit qu'il fait toutes ses courses. Quand il voit des feux allumés autour des troupeaux, il n'ose pas en approcher.

Lorsque le lion est en colère, il remue la peau de sa face, de son front, et ses sourcils épais; il redresse sa crinière, il bat ses flancs et la terre avec sa queue, et pousse des rugissements épouvantables. Tous les animaux s'enfuient à son approche.

Quelque terrible que soit le lion, des hommes à cheval lui donnent quelquefois la chasse avec des chiens de grande taille. On le tue à coups de fusil, mais presque jamais d'un seul coup. On le prend souvent par adresse en le faisant tomber dans une fosse profonde qu'on a recouverte avec de petites branches d'arbres et du gazon. On attache au-dessus un animal vivant, le lion s'élance sur sa proie, et il se précipite de lui-même dans la fosse, sans qu'il lui soit possible de remonter. Dès qu'il est pris, il devient doux, et, si l'on profite des premiers moments, on peut facilement l'attacher, le museler et le conduire où l'on veut.

Les habitudes du lion sont à peu près celles du chat avec lequel il a beaucoup de ressemblance. Il vit le plus souvent seul. Quand il a faim, il se jette sur tout animal qui se présente à lui; mais quand étant bien repu, il se repose soit au bord d'une source, soit dans sa caverne, il ne se dérange plus, même quand il passerait près de lui des animaux dont il fait sa nourriture. Ce n'est point de la générosité, c'est de l'insouciance.

Le lion lorsqu'il est pris jeune, peut s'apprivoiser jusqu'à un certain point. Il s'accoutume à vivre avec les animaux domestiques. On en a vu souvent dans les ménageries prendre des chiens en amitié et les traiter avec bonté. Il y en avait un au jardin du Roi ayant pour compagnon un chien qui vivait très familièrement avec lui. Tous les deux jouaient ensemble, comme s'ils avaient été de la même espèce. Le lion prenait le chien doucement entre ses pattes et ne le blessait jamais. Souvent le chien se jetait sur la crinière du lion, lui mordait les oreilles, et jamais il n'était repoussé. quelquefois même le lion baissait la tête et se couchait sur le dos pour que le chien pût jouer plus facilement avec lui. Ce chien vint à mourir. Le lion privé de son ami en éprouva un grand chagrin. Il perdait l'appétit et exprimait sa tristesse par de sourds gémissements. On lui donna un autre chien qui ressemblait au premier, et il le dévora. On en mit un troisième dans une loge voisine; le lion s'accoutuma à le voir à travers la grille qui les séparait, et, au bout de quelque temps, on les mit ensemble. le chien fut bien accueilli, le lion l'aima jusqu'à sa mort avec la même tendresse que le premier.

Lorsqu'on irrite le lion ou qu'on le maltraite, il s'en souvient et il s'en venge s'il en trouve l'occasion. Mais aussi il est sensible aux bons traitements; il obéit à son maître, et il flatte la main qui le nourrit. On a vu le maître d'une ménagerie, entrer, tous les soirs dans la loge d'un lion et d'une lionne qui lui appartenaient, les obliger à se coucher à ses pieds, exciter leur colère et sortir de là après plusieurs minutes, sans qu'ils lui eussent fait aucun mal.

La lionne est moins forte, moins courageuse et plus tranquille que le lion; mais elle devient terrible dès qu'elle a des petits. Sa hardiesse est alors extrême, elle ne connaît point le danger; elle se jette sur les hommes et sur les animaux qu'elle rencontre; elle leur donne la mort, se charge de sa proie, l'apporte et la partage à ses lionceaux auxquels elle apprend de bonne heure à sucer le sang et à déchirer la chair. Ordinairement elle dépose ses petits dans des endroits très-écartés et dont il est très difficile d'approcher. Lorsqu'elle craint d'être découverte, elle cache la trace de son passage en retournant plusieurs fois sur ses pas qu'elle efface aussi quelquefois avec sa queue. Quand elle croit qu'on veut lui enlever ses petits, elle les transporte ailleurs et si on essaie de les lui prendre, elle devient furieuse et les défend jusqu'à la dernière extrémité.

Le lion ne se rencontre que dans les pays les plus chauds. On n'en trouve pas en Europe; ceux que l'on voit dans les ménageries viennent pour la plupart, de l'Afrique.

La durée de la vie du lion est d'environ vingt-cinq ans. Les plus grands ont deux à trois mètres de longueur, depuis le mufle jusqu'au commencement de la queue, qui est elle-même longue d'un mètre. Leur hauteur approche de deux mètres. La lionne est beaucoup plus petite que le lion; elle n'a pas de crinière; la couleur du lion est fauve sur le dos et blanchâtre sur les côtés. Sa chair est d'un goût désagréable, cependant on dit que les nègres en mangent. Sa peau leur sert de manteau et de lit. On en fait aussi des garnitures de selle et des sièges de carrosse, en Europe.

Le Tigre.
2.ᵉ Leçon.

Parmi les quadrupèdes carnassiers, c'est-à-dire qui se nourrissent de chair, le lion est le premier par la force, le tigre est le second. Mais de ces deux animaux, et même de tous les animaux féroces le Tigre est le plus à craindre. Le lion n'attaque pas l'homme à moins d'être pressé par la faim ou d'être lui même attaqué. Il ne donne la chasse aux autres animaux que quand il sent la nécessité de pourvoir à sa nourriture. Le Tigre, au contraire éprouve le besoin de détruire, même quand il est rassasié de chair; il semble toujours avoir soif de sang. Quand il a dévoré une proie, il en déchire une nouvelle avec la même rage. Il désole, par sa cruauté, le pays qu'il habite. Il ne craint ni l'homme ni ses armes. Il égorge les animaux domestiques et les bêtes sauvages, attaque les petits Éléphants, les jeunes Rhinocéros et quelquefois même le lion. Ordinairement, il attend, dans le voisinage des fleuves et des rivières les animaux qui y arrivent pour se désaltérer. C'est là qu'il choisit sa proie, ou plutôt il se précipite sur tout ce qui se présente, car souvent il abandonne les animaux qu'il vient de tuer pour en égorger d'autres. Il leur fend et leur déchire le corps, il y plonge sa tête pour sucer le sang dont il n'est jamais rassasié. Cet animal est tellement féroce, que souvent il dévore ses propres petits en déchire leur mère lorsqu'elle veut les défendre. Sa rage ne connaît et ne distingue rien. Tous les animaux qu'il peut apercevoir excitent sa fureur et deviennent sa victime. Il est obligé, comme le lion, de se cacher pour les surprendre; car il leur inspire à tous une telle frayeur, qu'ils l'évitent autant qu'ils le peuvent et cherchent à lui échapper par la fuite. Quand il a mis à mort quelque gros animal, comme un cheval, un Buffle, il ne l'éventre pas à l'endroit où il l'a surpris, s'il craint d'être poursuivi. Pour le dévorer à son aise, il l'emporte dans les bois, et il a tant de force, qu'il peut encore courir très-vite quoiqu'il traîne avec lui un fardeau aussi pesant; Ses pattes sont un peu plus courtes, mais aussi nerveuses que celles du lion. Il fait des bonds prodigieux, comme le chat, qui lui ressemble beaucoup. Il a le corps très allongé, les plus grands ont 3 mètres de longueur. Il n'a pas de crinière; les poils qui le couvrent ont trois ou quatre centimètres de longueur, excepté sur les côtés de la tête, au-dessous des oreilles où ils ont jusqu'à 12 centimètres. Ses yeux sont hagards et annoncent la férocité; sa langue est couleur de sang et toujours hors de la gueule. Sa tête est plus petite que celle du lion. Sa queue est très-longue et ressemble à celle du chat.

Le Tigre fait mouvoir la peau de sa face, il frémit, il rugit comme le lion, mais son rugissement est moins fort et plus rauque.

Cet animal s'apprivoise difficilement. Malgré les grilles derrière lesquelles il est enfermé, il cherche souvent à se précipiter sur ceux qui l'approchent; il grince des dents, ses yeux étincellent, et on voit qu'il est toujours prêt à dévorer.

La Tigresse est un peu plus petite que le Tigre, mais elle a le même caractère féroce et sanguinaire. Comme la Lionne, elle choisit les endroits les plus déserts, pour y déposer ses petits. Elle en a ordinairement quatre ou cinq; tant qu'ils sont avec elle, elle est encore plus furieuse que dans les autres temps; si on essaye de les lui enlever, sa rage ne connaît aucun danger. Elle poursuit ceux qui les emportent, et souvent ils sont obligés de lui en rendre un pour éviter les effets de sa colère; elle s'arrête, emporte celui-ci pour le mettre à l'abri, et revient quelques instants après pour essayer de reprendre les autres; lorsqu'elle ne peut y parvenir, elle exprime sa douleur par des hurlements affreux qui font frémir tous ceux qui les entendent.

Le Tigre n'habite que les pays chauds, on n'en rencontre qu'en Asie; En Afrique, on trouve le Léopard et la Panthère; ce sont des animaux du même genre, mais plus petits; ils ont également le poil ras, d'un jaune vif sur le dos, blanc sous le ventre, mais la peau du Tigre est rayée dessus en travers, tandis que chez les deux autres la couleur noire est disposée en forme de taches. Les animaux féroces qui habitent l'Amérique sont bien inférieurs en force au lion et au tigre.

On fait la chasse du Tigre, à peu près de la même manière que celle du lion. C'est un plaisir que se donnent souvent les souverains de l'Asie et les chefs des peuplades sauvages.

Le Loup.

3e. Leçon.

Le Loup est aussi un animal carnassier, c'est-à-dire qui ne vit que de chair. Il demeure dans les bois. Pour satisfaire son appétit, il poursuit les animaux sauvages plus faibles que lui, qu'il les guette et les attend dans les endroits où ils doivent passer, pour les dévorer. Lorsqu'il n'a pu parvenir à en surprendre, il sort des bois et quoiqu'il soit très poltron, il devient hardi par besoin, il brave le danger et vient attaquer dans les campagnes les hommes, les femmes, les enfants, les troupeaux. Il s'élance ordinairement de préférence sur les animaux qu'il peut emporter aisément, comme les agneaux, les petits chiens, les chevreaux; souvent il vient rôder la nuit autour des fermes et des bergeries; il gratte la terre, creuse sous les portes et quand il parvient à pénétrer dans les habitations, il tue tout ce qu'il rencontre, puis il choisit sa proie et l'emporte.

C'est à raison de sa férocité et des dégâts qu'elle lui fait commettre que l'homme lui fait partout la guerre. Souvent les habitants des campagnes se réunissent pour le poursuivre, on le cerne, on l'entoure jusqu'à ce qu'on soit parvenu à l'atteindre, à le terrasser et à le mettre à mort.

Le loup a environ un mètre de haut, il a les oreilles courtes et dressées, il porte la queue droite, tandis que celle du chien est retroussée; mais s'il ressemble beaucoup au chien par la forme, il en diffère infiniment par le caractère: ce sont deux ennemis jurés. L'odeur seule du loup fait fuir le chien, mais il est de gros chiens qui l'attaquent avec courage et quelquefois avec succès. Lorsque ces deux animaux se battent, ils ne se quittent que lorsque l'un des deux reste mort sur la place.

Le chien est bon, fidèle, courageux, attaché à son maître; il aime la compagnie des autres animaux, il les suit et souvent les protège; le loup est lâche, cruel, sauvage, il vit seul et ne fait que rarement société avec ceux de son espèce. Quand on en voit plusieurs ensemble, c'est pour attaquer quelque gros animal comme un Cerf, un Bœuf ou un Cheval. Le Loup, même quand il a été pri jeune, ne perd jamais son caractère ni ses habitudes naturelles: à dix-huit mois ou deux ans on est forcé de l'enchaîner pour l'empêcher de s'enfuir et de faire du mal.

Les Loups sont si féroces qu'ils se dévorent entre eux; et lorsqu'un loup a été blessé, les autres le suivent pour achever de le tuer et pour le manger.

La Louve a ordinairement cinq, six et quelquefois jusqu'à neuf petits. Elle leur prépare une demeure au fond et dans l'épaisseur des bois, et leur fait un lit commode avec de la mousse qu'elle apporte en grande quantité, après avoir arraché avec ses dents les épines qui pourraient les incommoder. Elle les allaite pendant quelques semaines, et leur apprend à manger de la chair, qu'elle leur prépare en la mâchant. Quelque temps après, elle leur apporte des mulots, des souris, des volailles vivantes; les petits louveteaux commencent par jouer avec elles, et finissent par les étrangler. La Louve les déplume, les écorche, les déchire et en donne une part à chacun. Ils ne sortent de l'espèce de fort où ils sont nés qu'au bout de six semaines ou deux mois: ils suivent alors leur mère qui les mène boire dans quelque tronc d'arbre ou dans quelque mare voisine, puis elle les ramène au gîte ou les oblige à se cacher ailleurs lorsqu'elle craint quelque danger. Quand on les attaque, elle les défend avec fureur et elle s'expose à tout pour les sauver. Ils quittent leur mère à l'âge de dix mois ou un an lorsqu'ils sont capables de pourvoir eux-mêmes à leur nourriture.

Le Loup a beaucoup de force, surtout dans le cou et dans la mâchoire. Il porte avec sa gueule un mouton sans le laisser toucher à terre et court en même temps plus vite que les bergers. Lorsqu'il tombe dans un piège, il est si épouvanté qu'on peut le tuer sans qu'il se défende, ou le prendre vivant sans qu'il résiste. Il marche, il court, il rôde des jours entiers et des nuits, il est infatigable. Il peut rester quatre ou cinq jours sans manger, pourvu qu'il ait de quoi boire; il a l'œil, l'oreille et surtout l'odorat très bon. Il sent les animaux vivants de fort loin et il leur donne la chasse. Il préfère la chair vivante à la chair morte et il aime surtout la chair humaine.

Le Loup est principalement redoutable lorsqu'il a éprouvé des privations et qu'il est atteint de la rage: il la communique aux hommes et aux animaux qu'il a blessés par ses morsures.

Il n'y a rien de bon dans cet animal que sa peau, dont les couleurs sont le noir, le fauve, le gris et le blanc; on en fait des fourrures grossières qui sont chaudes et durables. Sa chair est si mauvaise qu'elle répugne à tous les animaux, et il n'y a que le Loup qui mange volontiers du Loup. Il exhale une odeur infecte par la gueule. Désagréable en tout, l'air sauvage, la voix effrayante, le naturel à la fois lâche et féroce, il est odieux, nuisible pendant sa vie, inutile après sa mort. La durée de son existence est de quinze à vingt ans.

L'Ours.

4ᵉ Leçon.

L'Ours fait partie des animaux féroces et carnassiers. Il est farouche et solitaire. On ne le trouve pas dans les pays cultivés ou habités, il fuit surtout le voisinage des hommes. Sa retraite est établie ordinairement dans les forêts les plus épaisses, ou dans l'endroit le plus désert des montagnes escarpées. Il fait sa demeure d'une grotte ou d'un vieux trou d'arbre; et lorsqu'il en trouve pas de gîte naturel, il ramasse du bois et se fait une loge qu'il recouvre d'herbes et de feuilles.

On distingue plusieurs espèces d'Ours. Ils ne sont pas tous aussi dangereux les uns que les autres, et les moins à craindre sont ceux qui ne se nourrissent pas de chair.

La longueur de cet animal est d'environ deux mètres et sa hauteur d'un mètre; le long poil qui le couvre lui donne une forme peu gracieuse; sa tête a quelques rapports avec celle du loup, mais elle est plus grosse; ses jambes sont courtes, ses oreilles sont courtes aussi et arrondies; le voir ressemble à un gros dément. Un rien l'irrite. On parvient quelquefois à l'apprivoiser, à lui apprendre à se tenir debout, à danser, mais il faut toujours s'en défier, même quand il paraît doux et tranquille; on doit surtout éviter de le frapper au bout du nez, car alors il entrerait en fureur.

Sa peau donne une fourrure assez estimée; on en fait des bonnets à poil, des tapis de pieds, des housses de chevaux et des sièges de voiture. Sa chair fournit de bonne huile et de la graisse. Vers la fin de l'automne il devient si gras qu'il lui est difficile de courir. Dans cet état il se retire dans sa tanière sans aucune provision et il y reste enfermé pendant plusieurs semaines. Durant cette retraite, il se livre, la plupart du temps au sommeil, et sa seule occupation est de sucer ses pattes dont il sort un suc blanc et laiteux; mais ce n'est point la seule chose qui l'aide à supporter ce long jeûne: la grande quantité de graisse dont il est chargé au commencement de sa retraite et qui a diminué beaucoup vers la fin, sert à le nourrir.

L'ours ne mange guère de la chair que par nécessité. Il préfère en général les racines succulentes et les fruits sucrés. Il n'attaque l'homme que s'il est affamé, ou s'il a été provoqué par lui : alors il s'arrête, se lève sur ses pattes de derrière et s'apprête au combat. C'est le moment que l'on doit choisir pour le tuer à coups de fusil ; mais si on le blesse seulement, il devient furieux, se jette sur le chasseur, l'embrasse de ses pattes, et l'étouffe.

Ses pieds de devant sont conformés de manière qu'ils ressemblent grossièrement à une main d'homme. Il frappe avec ses poings comme un homme avec les siens. Lorsqu'il a été poursuivi longtemps et qu'il est près de succomber à la fatigue, il s'appuie le dos contre un rocher ou contre un arbre et ramasse des gazons ou des pierres qu'il jette à ses ennemis. C'est ordinairement dans cette position qu'il reçoit le coup de la mort.

La durée de la vie de l'ours est de vingt à vingt-cinq ans.

Les Ours rouges, roux ou bruns sont les plus carnassiers, on les trouve plus communément dans les forêts épaisses, et les hautes montagnes de l'Europe et de l'Asie.

Les ours noirs sont les moins dangereux. Ils refusent de manger de la chair ; leur nourriture se compose de fruits, de glands et de racines ; le miel et le lait sont des aliments dont ils sont très-friands. Ils habitent dans les forêts situées au nord de l'Europe et dans l'Amérique.

L'Ours blanc se trouve près du rivage des mers du nord. Il habite souvent en pleine eau, sur des glaçons, et se nourrit principalement de poissons, de Morses, de Phoques et même de petites baleines. Mais s'il trouve quelque proie sur terre il s'en accommode fort bien. Il dévore les animaux qu'il peut saisir et ne craint pas d'attaquer les hommes.

Habitué à l'eau, il s'y jette pour prendre des poissons qu'il voit venir de loin, et qu'il observe de dessus les glaçons. Tant qu'il trouve que la place est favorable pour lui procurer une subsistance abondance, il y reste ; mais il arrive souvent que, lorsque les glaçons se détachent, il se trouve emporté en pleine mer où il périt, ne pouvant regagner la terre. Les Ours blancs de la mer Glaciale deviennent très gros et très-gras. On en a trouvé qui avaient jusqu'à 3 mètres de longueur.

Il y a des Ours blancs terrestres dans la grande Tartarie en Russie, en Lithuanie et dans d'autres provinces du nord, mais ils ne diffèrent des Ours bruns ou noirs que par la couleur.

La chasse des Ours se fait de diverses manières : quelquefois dans le nord de l'Europe on les enivre en jetant de l'eau de vie sur le miel, qu'ils aiment beaucoup et qu'ils cherchent avec avidité. Dans cet état ils sont faciles à tuer.

Les Ours noirs se logent souvent dans de vieux troncs d'arbres, on les prend en mettant le feu dans leur retraite ; quelquefois ils s'établissent sur le haut d'un arbre à 10 ou 12 mètres de terre, et ils y grimpent avec la plus grande facilité. Si c'est une mère et qu'on l'attaque, elle descend la première ; on la tue avant qu'elle soit à terre ; les petits descendent ensuite, et on les prend en leur passant une corde au cou.

Quand on fait la chasse en grand, chacun des chasseurs doit être muni d'un fusil à deux coups et d'un coutelas. Il faut être accompagné de bons chiens. Cette chasse demande beaucoup d'adresse et de sang-froid. Les chiens commencent le combat qui ne se termine guère sans que quelques-uns d'eux soient déchirés ou étouffés. Quand l'Ours n'est que blessé, il entre en fureur ; saisit quelquefois une massue et s'en sert très habilement. C'est surtout dans ce moment que les chasseurs doivent éviter de se trouver sur son passage, et s'appliquer à bien diriger leurs balles afin de l'étendre par terre.

Malgré sa férocité, l'Ours est quelquefois susceptible d'attachement. On raconte qu'à Nancy un petit ramoneur ne sachant où se reposer pendant une nuit d'hiver, se glissa, en passant entre deux barreaux, dans la loge d'un Ours que l'on y retenait prisonnier. Celui-ci s'aperçut bientôt de la présence de cet enfant et ne lui fit aucun mal. Il le prit en amitié et le reçut chaque nuit. L'enfant vint à mourir, dès ce moment l'Ours refusa toute nourriture et mourut aussi.

Mais ces exemples de bonté sont très rares. On se souvient encore de l'histoire de ce vétéran qui, ayant cru voir, la nuit, une pièce d'argent dans une des fosses du Jardin du Roi, à Paris, y descendit et fut déchiré par l'Ours qui l'habitait. C'était un Ours bien connu des enfants. Il s'appelait Martin, il était vieux et gourmand ; il était facile de le faire monter à l'arbre en lui montrant un gâteau.

Le Castor.

5ᵉ Leçon.

De tous les quadrupèdes, le Castor est le plus remarquable par son industrie vraiment extraordinaire. Il a les habitudes des poissons et celles des animaux qui vivent sur terre. Sa nourriture se compose de feuilles, de racines, d'écorces d'arbres, cependant il mange quelquefois des poissons, des écrevisses. Il a beaucoup de répugnance pour la chair et le sang; aussi ne fait-il point la guerre aux autres animaux. Sa longueur est d'environ un mètre depuis le museau jusqu'à l'extrémité de la queue, sa hauteur est de 33 centimètres.

Sa peau est couverte d'un poil ou plutôt d'un duvet extrêmement fin et si touffu que l'eau ne peut pas le pénétrer. Elle porte, en outre, un second poil qui est long, ferme et brillant; c'est la couleur de ce poil qui est celle de l'animal; elle est ordinairement d'un roux marron. Les castors gris, les noirs et les blancs sont rares. On n'emploie que le premier poil pour faire des fourrures; le second a peu de valeur. Les peaux de castor tués en hiver sont les plus précieuses; celles qui proviennent des castors tués en été sont moins estimées, parce que, dans cette saison, ces animaux sont dans la mue, c'est-à-dire que leurs poils tombent pour être plus tard remplacés par d'autres. Ces dernières peaux s'employaient pour la fabrication des chapeaux; mais, depuis qu'on a imaginé de faire des chapeaux de soie, on a presque cessé d'en fabriquer en castor, parce qu'ils coûtaient beaucoup plus cher et ne duraient guère davantage.

Le Castor est de l'espèce des animaux rongeurs; aussi a-t-il comme les rats et les lapins quatre longues dents incisives placées en avant de la bouche, qui lui servent à ronger le bois c'est-à-dire à l'user par un mouvement analogue à celui d'une lime, à force de répéter ce mouvement il parvient à couper le tronc des arbres. Ces dents, à la longue, finissent par s'user, mais la nature, toujours prévoyante, permet qu'elles repoussent, parce qu'elles sont indispensables à l'animal. Dans les plus grandes comme dans les plus petites choses, on retrouve toujours la bonté infinie de la providence, dont la paternelle sollicitude s'étend à toutes les créatures.

Quand les castors veulent abattre un gros arbre, ils se réunissent autour du tronc et le coupent à un pied ou à un pied et demi de hauteur de terre ; ils travaillent ainsi et ils ont en même temps le plaisir de manger de l'écorce fraîche en du bois tendre dont le goût leur est fort agréable.

Depuis la tête jusqu'aux reins, le castor a beaucoup de rapport avec les autres quadrupèdes ; le reste de son corps le rapproche des animaux aquatiques ou qui vivent dans l'eau. Ces deux qualités se font aussi remarquer dans le goût de sa chair qui est assez bonne lorsque l'animal se nourrit de bois de bouleau.

La queue du castor a 30 cent.[mes] de longueur, elle est ovale ; sa plus grande largeur a 12 cent.[mes] ; elle est couverte d'écailles, il s'en sert très-adroitement pour transporter des matériaux et comme d'un gouvernail pour se diriger en nageant. Il en fait aussi usage, comme d'une truelle, pour maçonner les murs de son habitation. C'est le seul, parmi les quadrupèdes, qui ait la queue plate et couverte d'écailles.

Ses jambes sont très-courtes, principalement celles de devant qui sont pour lui comme des espèces de mains dont il se sert avec une adresse remarquable ; chaque pied a cinq doigts ; les doigts des pieds de devant sont séparés, ceux des pieds de derrière sont réunis par une peau, et forment ainsi des espèces de nageoires.

Sur terre, la démarche du castor paraît gênée, parce que comme nous venons de le dire, ses jambes de derrière sont conformées plutôt pour nager que pour marcher.

Les castors habitent dans les pays froids et tempérés. On les trouve dans l'amérique septentrionale, dans l'Asie et dans les contrées qui sont situées au nord de l'Europe, en Norvège, en suède, en Pologne, en Russie. On en trouve quelques-uns en france, dans les îles du Rhône, mais dans ces derniers pays ils ne se réunissent pas et ne construisent rien.

Leur adresse pour bâtir les cabanes qu'ils doivent habiter est digne d'admiration. Pour travailler, ils se réunissent au nombre de deux ou trois cents dans les mois de Juin ou de Juillet, près d'une rivière ou d'un lac, dans un endroit où ils ne craignent pas d'être attaqués. S'ils ont fait choix d'une rivière, ils commencent par élever une construction que l'on nomme Digue ; c'est un mur qui traverse la rivière d'un bord à l'autre et qui sert à maintenir l'eau à la hauteur qui leur convient et à former un étang.

Pour faire cette Digue qui a quelquefois jusqu'à 35 mètres de longueur, ils se servent des arbres qui croissent près du lieu de leur bâtisse et surtout de ceux qui étant sur le bord de la rivière peuvent y tomber facilement. Ils les scient avec leurs dents incisives, puis, après avoir coupé les branches, ils les amènent à l'endroit où ils doivent être employés. Ces arbres leur servent de pieux ou pilotis qu'ils enfoncent dans toute la

largeur de la rivière. Pour faire cette opération, plusieurs castors
plongent au fond de l'eau en disposant des trous pour y introduire
la pointe des pieux, tandis que d'autres travailleurs s'appuyant sur
un très gros arbre, qu'ils ont d'abord eu soin de jeter en travers, main-
tiennent les pieux d'aplomb. Ils forment plusieurs rangs de pilotis,
ils les serrent les uns contre les autres et remplissent les intervalles par de
petites branches enduites de terre glaise et par de la terre humectée dont
ils font un mortier qui durcit et rend leur maçonnerie très solide.

Tous les castors qui composent la peuplade travaillent en commun
pour faire cette digue, qui est très épaisse. Lorsque ce grand ouvrage est
achevé, ils se divisent par troupes de dix ou douze individus ; chaque troupe
construit son habitation particulière, et la dispose selon sa convenance, et toujours
près du bord de l'étang. C'est une maisonnette qui est ovale, quelquefois
ronde, et qui s'élève en forme de dôme, à environ deux mètres au-dessus
de l'eau. Elle est bâtie sur un pilotis. La charpente de cette cabane est composée
de branches d'arbres. Les joints sont remplis par de la terre humectée
dans laquelle ils mêlent des herbes, de la mousse, des pierrailles et de
petits morceaux de bois. Les murs sont très épais.

On a compté jusqu'à vingt-cinq de ces cabanes rapprochées les unes
des autres et formant ainsi une espèce de village. Ordinairement il n'y
en a pas plus de dix ou douze. Les habitants de ces cabanes ne souffrent
pas que des étrangers viennent s'établir dans leurs demeures. Les cabanes
contiennent depuis deux jusqu'à trente castors.

L'habitation des castors est toujours maintenue dans le plus grand état de propreté.
C'est là qu'ils élèvent leurs petits qui y restent jusqu'à l'âge de deux ou trois ans.

Dans l'endroit près de leur demeure les habitants de chaque cabane établissent le magasin qui enferme leurs provisions de racines, d'branchage et
d'écorce pour leur nourriture pendant l'hiver. Les habitants de chaque cabane ne se
permettraient jamais d'aller rien prendre dans les magasins de leurs voisins.

Chacun s'occupe des intérêts de tous. Si quelque castor aperçoit un ennemi,
il frappe l'eau d'un grand coup de sa queue, et à ce signal, tous les autres plongent
dans les eaux ou se réfugient dans leurs cabanes. Beaucoup de ces animaux
se bornent à creuser, pour leur habitation, un ou deux terriers près du bord de la rivière.

Maintenant on rencontre peu de ces grandes peuplades de castors, les chasseurs
en ayant détruit un nombre considérable.

On a remarqué que les castors ne se réunissaient et n'élevaient des
constructions que dans les endroits qui ne sont pas fréquentés par les
hommes, et où par conséquent, ils sont parfaitement tranquilles ; mais en
Europe, et dans tous les pays habités, ils sont dispersés, fugitifs ; ils vivent
solitaires, et ils se cachent dans des terriers.

Le castor, lorsqu'on est venu à bout de le prendre, est tranquille et assez familier,
mais un peu triste, et il ne perd jamais le désir de recouvrer sa liberté. Il
s'attache peu et il s'occupe presque continuellement à ronger les portes de sa prison.

Le Renard.
6.ᵉ Leçon.

Le Renard ressemble beaucoup au chien, mais il a le museau plus pointu, les oreilles plus courtes, la queue beaucoup plus grande et plus touffue, le poil plus long et plus épais; il a aussi la tête plus grosse à proportion de son corps. Il diffère encore du chien en ce qu'il a une odeur très forte et en ce qu'il ne s'apprivoise que difficilement. Il a aussi de la ressemblance avec le loup, mais il est plus léger, beaucoup plus petit et moins à craindre. Il n'ose attaquer ni les chiens, ni les bergers, ni les troupeaux.

C'est un animal carnassier et vorace, il mange de tout avec avidité, des œufs, du lait, du fromage, des fruits et surtout des raisins; mais il préfère le gibier, les poules, les coqs et toute espèce de volaille. Lorsqu'il ne peut s'en procurer, il mange des rats, des mulots, des serpents, des lézards, des crapauds, et il en détruit un grand nombre. C'est là le seul bien qu'il fasse. Il est très friand de miel; il attaque les abeilles sauvages, les guêpes, les frelons qui tâchent de le mettre en fuite en le perçant à coups d'aiguillon; mais en se retirant, il se roule pour les écraser et il recommence à les tourmenter jusqu'à ce qu'il les ait obligés à abandonner le guêpier; alors il le déterre, mange le miel et la cire. Il prend aussi les hérissons, les roule avec les pieds et les force à s'étendre; enfin il mange du poisson, des écrevisses, des hannetons, des sauterelles, etc.

Le Renard est un animal fin, adroit, prudent, il se creuse dans la terre un asile ou terrier, où il se retire quand il est poursuivi, et où il élève ses petits. C'est certainement une grande preuve d'intelligence que de savoir bien choisir le lieu de son habitation, de le creuser, de le rendre commode et d'en cacher l'entrée à tous les regards. Il fait quelquefois sa demeure dans des rochers et sous des racines d'arbres. Ordinairement il se loge au bord des bois, à peu de distance des villages et des hameaux. De là il entend le chant des coqs et le cri des volailles. Il choisit habilement son temps pendant la nuit, il se glisse, se traîne pour n'être pas après qu'il passe à travers les haies, par-dessous les portes, entre dans les basses-cours, met à mort tout ce qu'il rencontre, et se retire lestement en emportant sa proie, qu'il a soin de cacher avec de la mousse ou d'emporter dans son terrier. Il revient quelques moments après en chercher une autre, il l'emporte et il la cache de même, mais dans un autre endroit. Il retourne une troisième, une quatrième fois, s'il n'a pas été surpris, jusqu'à ce que le jour paraisse ou qu'il entende quelque bruit; alors il se retire et ne revient plus; heureusement qu'il n'a pas les griffes assez aiguës pour grimper le long des murs, car il ne serait plus de basse-cour à l'abri de ses déprédations. Il va de très grand matin visiter les endroits où l'on a tendu des pièges aux oiseaux et il emporte ceux qui se sont laissé prendre. Il chasse les jeunes levrauts dans la plaine, il poursuit les lièvres qui ont été blessés et il les attrape presque toujours. Il déterre les petits lapereaux dans les garennes, il découvre les nids de perdrix, de cailles, prend la mère sur les œufs et détruit une quantité prodigieuse de gibier. Tous les oiseaux qu'il prend, lorsqu'il ne les mange pas, il les dépose en différents endroits, surtout au bord des chemins, dans les ornières, dans de la mousse, il les y laisse quelquefois pendant deux ou trois jours et sait parfaitement les retrouver lorsqu'il en a besoin.

Nous avons dit plus haut que c'était un animal extrêmement rusé. On en a vu souvent se réunir pour chasser le lièvre et le lapin: l'un poursuit le gibier, en aboyant à peu près comme un chien; l'autre attend au passage la bête poursuivie, la surprend et partage avec son camarade. Quelquefois il contrefait le mort pour prendre les animaux qui viennent pour le manger.

La chasse du Renard est plus facile et plus amusante que celle du loup, elle est aussi moins dangereuse. Tous les chiens ont de la répugnance pour le loup, mais ils chassent le Renard avec plaisir. Dès que le Renard est poursuivi, il cherche à se réfugier dans son terrier. Des chiens, que l'on appelle Bassets, s'y introduisent, le font sortir et l'exposent aux coups de fusil des chasseurs. Quelquefois, si on sait où ce terrier est situé, on le bouche, et le Renard est obligé de fuir dans la plaine où les chiens le suivent et l'atteignent, quoique souvent il parvienne à les fatiguer. Sa morsure est dangereuse; quelquefois on ne vient à bout de lui faire lâcher prise qu'en le frappant à coups de bâton.

Pour détruire les Renards, le moyen le plus commode est de tendre des pièges où l'on attache un pigeon ou une volaille vivante. Le Renard vient pour dévorer sa proie, le piège se referme et l'animal est pris; alors il se laisse aisément tuer et, de même que le Loup, il reçoit la mort sans se plaindre.

On a quelquefois remarqué que le Renard pris dans un piège, se coupait la patte avec ses dents pour se sauver.

La voix du Renard s'appelle glapissement, c'est une espèce d'aboiement qu'il fait entendre, surtout en hiver et presque jamais en été.

La femelle du Renard a ordinairement quatre ou cinq petits; elle leur prépare un lit dans son terrier. Lorsqu'elle s'aperçoit que sa retraite est découverte, et qu'en son absence, ses petits ont été inquiétés, elle les enlève tous les uns après les autres en va chercher une autre demeure. Ils naissent les yeux fermés; ils sont, comme les chiens, dix-huit mois ou deux ans à grandir, en vivant aussi treize ou quatorze ans.

La chair du Renard est moins mauvaise que celle du Loup; les chiens et les hommes en mangent en automne, surtout lorsqu'il s'est nourri et engraissé de raisin.

Sa peau d'été a peu de valeur, parce que son poil tombe et se renouvelle dans cette saison; celle d'hiver est plus estimée, on en fait de bonnes fourrures. En France, la plupart des Renards sont roux; mais il s'en trouve aussi dont le poil est gris argenté. Dans les pays du Nord, il y en a de toute couleur; des noirs, des bleus, des gris, des blancs à tête noire, des blancs avec le bout de la queue noire, des roux avec la gorge et le ventre entièrement blancs.

Cet animal se trouve partout, excepté en Afrique et dans les climats très chauds. Il a environ quatre-vingt centimètres de longueur, sur quarante centimètres de hauteur.

Le Cerf.

7.ᵉ Leçon.

Entre les animaux sauvages, le Cerf est l'un des plus grands et les plus remarquables. On appelle animaux sauvages ceux qui craignent la présence de l'homme et qui, pour lui échapper, habitent les solitudes éloignées. Les villes et les villages, se creusent des demeures sous terre, s'enfoncent dans les bois, se réfugient dans des cavernes ou au sommet des montagnes, en un mot dans tous les lieux dont il est difficile d'approcher. Ces animaux sont défiants, craintifs, ils emploient tous leurs moyens, toutes les ressources que la nature leur a fournies pour se mettre en sûreté. Le Cerf est de ce nombre, c'est un animal doux, tranquille, mais en même temps très-farouche, aussi prend-il toutes les précautions possibles pour ne pas se laisser surprendre. Il a la vue et l'odorat très-bons et l'oreille excellente. Lorsqu'il veut écouter, il lève la tête, dresse les oreilles, et alors il entend de fort loin. Avant de sortir du bois où il se cache, il s'arrête pour regarder de tous côtés et pour sentir s'il n'y a pas quelqu'un qui puisse l'inquiéter. Il ne se hazarde dans la plaine que lorsqu'il croit n'avoir rien à craindre; cependant quelquefois il s'arrête de loin pour regarder passer les voitures, les bestiaux, les hommes, et s'ils n'ont ni armes ni chiens, il continue son chemin fièrement, avec assurance et sans prendre la fuite. En général il craint beaucoup plus les chiens que les hommes, et plus il a été poursuivi, plus il est sauvage; les dangers qu'il a déjà courus augmentent sa timidité.

Le Cerf est un très-bel animal, sa forme est élégante et légère, sa taille est élancée, ses jambes sont minces, mais très-vigoureuses et il court avec une grande rapidité; sa tête est ornée d'un bois qui tombe et repousse tous les ans. La forme de ce bois diffère selon l'âge; il grandit à mesure que l'animal vieillit.

Le Cerf est un des animaux que les chasseurs ont le plus de plaisir à poursuivre. Cette chasse se fait à cheval, au son du cor, et au moyen d'un grand nombre de chiens qui sont dressés à cet exercice, et qui poursuivent le Cerf à l'odeur qu'il laisse après lui. Pour pour échapper, il emploie toutes sortes de ruses; il passe et repasse souvent deux ou trois fois par les mêmes endroits; il cherche à se faire accompagner par d'autres bêtes dont l'odeur trompe les chiens, et alors il s'éloigne aussitôt, oubien il se jette à l'écart, se cache et reste sur le ventre. Lorsque les chiens retrouvent sa trace, ils le poursuivent avec une nouvelle ardeur, et reconnaissent quand il est fatigué. Le pauvre animal, harassé, épuisé, cherche en vain à échapper par de nouvelles ruses; s'il rencontre une rivière, il la traverse à la nage, dans l'espoir de sauver sa vie; mais bientôt atteint par les chiens, il tâche encore de se défendre en les frappant avec son bois. Les derniers efforts sont inutiles, il est aussitôt entouré de chasseurs qui lui portent le coup mortel et qui distribuent ensuite aux chiens, pour les récompenser de leurs efforts, une partie de l'animal qu'ils mangent avec une grande avidité.

La femelle du Cerf se nomme la Biche, elle n'a pas de bois sur la tête, ses petits portent le nom de faons jusqu'à l'âge de six mois. Ils ne quittent pas leur mère dans les premiers temps de leur naissance. Lorsque le Faon est poursuivi par les chiens, la Biche cherche à les éloigner de lui, en les attirant à elle. Elle ne craint pas de s'exposer au danger pour préserver son petit.

En général les Cerfs sont portés à demeurer ensemble et à marcher de compagnie. Ils ne se séparent que lorsque la crainte ou le danger les y force. Dans le mois de Décembre et pendant les froids, ils se réunissent dans les parties les plus touffües des bois; ils se tiennent serrés les uns contre les autres et se réchauffent de leur haleine. A la fin de l'hiver ils se dispersent, se rapprochent du bord des forêts, et vont quelquefois jusque dans les champs de blé.

Le Cerf mange lentement, il choisit sa nourriture suivant les saisons. En automne, il vit de glands et de boutons d'arbres verts; en hiver, lorsqu'il neige, il mange de l'écorce d'arbre, de la mousse, &c.; au printemps des fleurs et des bourgeons; en été il se nourrit surtout de seigle qu'il préfère à tous les autres grains.

Le Cerf ne boit guère en hiver, encore moins au printemps, l'herbe tendre et chargée de rosée lui suffit; mais dans les chaleurs et les sécheresses de l'été, il va boire aux ruisseaux, aux mares et aux fontaines.

La chair de faon est bonne à manger; celle de la biche n'est pas absolument mauvaise, mais celle des Cerfs a toujours un goût désagréable et fort. Ce que cet animal fournit de plus utile, c'est sa peau et son bois. La peau, quand elle est préparée, donne un cuir souple et léger. Son bois est employé par les coutéliers pour faire des manches de couteaux.

Le Cerf vit de trente-cinq à quarante ans. Son bois augmente en grosseur et en hauteur depuis la deuxième année de sa vie jusqu'à la huitième. Il a comme le boeuf, le pied fourchu, c'est à dire séparé en deux par une large fente. La longueur ordinaire de son corps est d'environ 2 mètres, sa hauteur de 1 mètre à un mètre 30 centimètres, la longueur des oreilles est de 25 cent.tres. Sa taille légère peut donner une idée de la rapidité de sa course, ses jambes fines, longues et sèches annoncent assez la force avec laquelle il bondit. Lorsqu'il est poursuivi il saute aisément une haie de 2 à 3 mètres d'élévation. Son bois qui a quelquefois jusqu'à 85 centim.tres de hauteur, est une arme dangereuse dont il sait se servir avec succès contre ses ennemis. La peau du cerf est ordinairement de couleur fauve, mais il y en a de bruns, de roux et de blancs, les blancs sont les plus rares.

Le cerf nage avec une grande facilité, il traverse aisément de larges rivières.

L'Éléphant.

8ᵉ. Leçon.

De tous les quadrupèdes, l'Éléphant est le plus remarquable par sa taille, sa force, ses formes et son adresse.

Les plus grands ont jusqu'à cinq mètres de hauteur; les plus petits ont 3 ou 4 mètres. Il y en a dont le poids est de 5,500 kilogrammes. On conçoit facilement qu'un aussi énorme animal ébranle la terre sous ses pieds, qu'il puisse arracher un arbre, que d'un seul coup de son corps, il puisse renverser un mur et qu'à lui seul il transporte des fardeaux que six chevaux ne pourraient remuer.

L'Éléphant a les yeux très petits, par rapport à son corps; mais ils sont brillants, spirituels et ont une remarquable expression de bonté. Il les tourne lentement et avec douceur sur son maître; lorsque celui-ci lui parle; il écoute avec la plus grande attention, il semble réfléchir sur ce qu'on lui dit et examiner les signes auxquels il doit obéir. Il a l'ouïe très bonne et les oreilles aplaties contre la tête comme celles de l'homme; elles sont ordinairement pendantes; mais il les relève et les remue avec beaucoup de facilité. Elles lui servent à essuyer ses yeux, à les garantir de la poussière et des mouches. Il paraît aimer la musique; il apprend aisément à marquer la mesure et à joindre quelques cris au bruit des tambours et au son des trompettes. Son odorat est exquis et il aime avec passion les parfums de toute espèce et surtout les fleurs odorantes; il les choisit, il les cueille une à une, il en fait des bouquets et après en avoir respiré l'odeur, il les porte à sa bouche et semble les goûter.

L'Éléphant a, au lieu de nez, une trompe dont il se sert comme de bras et de main; c'est un long tuyau percé de deux trous dans toute sa longueur. Il la remue, la raccourcit, l'allonge, la tourne dans tous les sens. Le bout de cette trompe est terminé par un rebord en forme de doigt avec lequel l'Éléphant fait ce que nous faisons avec les nôtres. Il ramasse à terre les plus petites pièces de monnaie; il débouche les bouteilles, il dénoue les cordes, ouvre et ferme les portes en tournant les clefs et poussant les verrous. C'est avec cette trompe qu'il touche, qu'il flaire et qu'il saisit. Comme l'Éléphant a le cou très-court, et qu'il ne peut presque pas baisser la tête, sa trompe lui sert à ramasser ce qui est à terre, c'est par là qu'il prend sa nourriture et même la boisson et qu'il les porte jusqu'au fond de son gosier.

Sa nourriture ordinaire se compose de racines, d'herbes, de feuilles et de bois tendre; il n'aime ni la viande, ni le poisson. Il mange non seulement les feuilles et les fruits de certains arbres, mais même les branches, les troncs et les racines, et quand il ne peut arracher ces arbres avec sa trompe, il les déracine avec ses défenses. Les défenses sont deux énormes dents recourbées qui lui sortent de la bouche, des deux côtés de la trompe et qui sont ainsi nommées parce qu'il s'en sert pour se défendre et au besoin pour attaquer. Avec cette arme il ne craint ni le lion ni aucun autre animal, et il leur fait souvent les plus terribles blessures.

La forme des pieds et des jambes de l'Éléphant n'est pas moins singulière que tout le reste de l'animal. Les jambes de devant paraissent plus hautes que celles de derrière, et cependant elles sont un peu plus courtes; elles ressemblent plutôt à des colonnes qu'à des jambes. Les pieds sont courts et larges, ils ont cinq doigts, mais ces doigts sont enfermés dans la peau calleuse des pieds. La peau de l'Éléphant est d'un gris cendré ou d'une couleur noirâtre qui se rapproche un peu de celle de l'ardoise, et qui souvent devient plus ou moins blanche; elle est très-épaisse et n'est pas garnie de poils comme chez les autres quadrupèdes; il a seulement quelques soies sur la trompe, aux paupières et derrière la tête. Toute la surface du corps est comme gercée et ridée; sa queue est courte, elle n'a pas plus d'un mètre de longueur, elle est pointue et terminée par une touffe de gros poils si durs qu'un homme ne pourrait les casser avec la main.

La taille de ces animaux peut donner une idée de leur force; les plus grands portent aisément 2000 kilogrammes, les plus

86

petits enlèvent avec facilité un poids de 100 kilogrammes avec leur trompe
et le placent eux-mêmes sur leurs épaules; ils prennent dans cette trompe
une grande quantité d'eau qu'ils rejettent en haut ou autour d'eux
jusqu'à quatre mètres de distance. On peut encore juger de leur
force par la vitesse de leur marche; quoiqu'ils paraissent très
pesants, ils font, au pas ordinaire, à peu près autant de chemin qu'un
cheval au petit trot, et lorsqu'ils courent, ils en font autant qu'un
cheval au galop. Les Éléphants domestiques font, sans fatigue, 60 ou
90 kilomètres par jour au pas, et quand on veut les presser ils peuvent en
faire jusqu'à 120 ou 150.

Dans le pays où on utilise les Éléphants, ils rendent à leurs maîtres
autant de services que cinq ou six chevaux; mais il faut les bien
soigner et les bien nourrir. On leur donne ordinairement du riz cru
ou cuit mêlé avec de l'eau, et on prétend qu'il leur en faut 50 kilog
par jour. On leur donne aussi de l'herbe, pour les rafraîchir; ils
en consomment jusqu'à 75 kilogrammes. Il faut avoir soin
de les mener à l'eau et de les faire baigner deux à trois fois par jour.
L'Éléphant apprend aisément à se laver lui-même; il prend de l'eau dans
sa trompe, il la porte à sa bouche pour boire, et ensuite en retournant
sa trompe, il en laisse couler le reste sur toutes les parties de son corps.
Cet animal a un goût extrême pour la propreté, et quelque grand
que soit son appétit, il a toujours soin de séparer avec beaucoup
d'adresse, au moyen de sa trompe, les bonnes feuilles d'avec les
mauvaises et de les bien secouer pour qu'il n'y reste point d'insectes
ni de sable. L'usage de l'eau est si indispensable à l'Éléphant que lorsqu'il est en liberté, il quitte rarement le bord des rivières, il se met dans
l'eau jusqu'au ventre, et il y passe quelques heures tous les jours. On croirait
qu'à cause de son poids énorme, l'Éléphant doit nager difficilement
c'est précisément le contraire. Il enfonce moins dans l'eau que les
autres animaux, et au moyen de sa trompe, qu'il redresse en l'air
et par laquelle il respire, il n'a pas la crainte d'être submergé.
Il nage donc fort bien et on s'en sert utilement pour le passage
des rivières.

Pour donner une idée des services qu'il peut rendre, il suffira de
dire que, dans l'Inde, on voyage fréquemment sur son dos,
qu'il peut porter plusieurs personnes à la fois, et qu'il ne fait
presque jamais de faux pas; que tous les tonneaux, sacs, paquets, qui
se transportent d'un endroit à un autre, dans ce pays, sont voiturés

par des Éléphants. Ils peuvent porter des fardeaux sur leur corps
sur leur cou, sur leurs défenses, et même avec leur gueule, en leur
présentant le bout d'une corde qu'ils serrent avec les dents. Joignant
l'intelligence à la force, ils ne cassent et n'endommagent jamais rien
de ce qu'on leur confie. On a remarqué que la parure leur plaisait beaucoup, et que, lorsqu'on place sur eux des ornements brillants ou de
riches étoffes, ils en témoignent de la joie et sont plus caressants. Ceux qui
sont ainsi harnachés et qui sont au service des Princes témoignent du
mépris pour ceux qu'on n'emploie qu'à des travaux pénibles. Ils
aiment beaucoup le vin, l'eau-de-vie et les liqueurs fortes. On leur
fait faire les choses les plus difficiles en leur montrant un vase ou
une bouteille remplie d'une de ces sortes de liqueurs et en la leur
promettant pour récompense; mais il ne faut pas les tromper ou
leur manquer de parole, car ils s'en souviennent longtemps et finissent
par se venger tôt ou tard. Un des moyens qu'ils emploient est de remplir
d'eau leur trompe et de la lancer au visage de ceux dont ils ont à se
plaindre. Ils paraissent aimer beaucoup la fumée du tabac, mais
elle les étourdit et leur fait mal. Ils craignent toutes les mauvaises
odeurs et ils ont une si grande horreur pour le cochon, que le seul
cri de cet animal suffit pour les faire fuir à une grande distance.
Ils détestent aussi le chameau et ne cessent de donner des signes d'impatience et de mauvaise humeur lorsqu'il se trouve dans leur voisinage.

L'Éléphant sauvage n'est ni sanguinaire, ni féroce; il est d'un naturel
doux et jamais il n'abuse de ses armes ou de sa force; il ne les emploie que
pour se défendre. On le voit rarement solitaire. Il vit ordinairement dans
la société de ses semblables. Le plus âgé conduit la troupe; le plus vieux
après lui marche le dernier, les plus jeunes et les plus faibles se placent
au milieu des autres; les mères portent leurs petits dans le cas de danger
et les tiennent embrassés dans leur trompe.

Quelquefois les Éléphants viennent en troupe ravager les terres
cultivées. Comme ils sont ordinairement nombreux, et que leur
corps est d'un poids énorme, ils ont bientôt dévasté toute une campagne;
pour les empêcher d'approcher, on fait du bruit, on bat du tambour
et on allume de grands feux; mais on ne réussit pas toujours à
les effrayer par ce moyen. La meilleure manière de les surprendre
et de les arrêter, c'est de leur lancer des pétards, et des feux d'artifice;
on parvient ainsi plus sûrement à les mettre en fuite.
Les chasseurs n'osent attaquer que ceux qui s'écartent ou qui s'égarent

car on ne pourrait lutter contre une troupe entière sans s'exposer à perdre beaucoup de monde. Lorsque l'Éléphant est attaqué par un homme il va droit à lui, et, quoiqu'il soit fort lourd, son pas assez grand qu'il atteint aisément l'homme le plus léger à la course; il le perce de ses défenses, ou, le saisissant avec sa trompe, il le lance comme une pierre et achève de le tuer en l'écrasant avec ses pieds, mais ce n'est que dans le cas où il est provoqué, car il ne fait aucun mal à ceux qui ne le cherchent pas.

On parvient à le prendre en creusant sur son passage des fosses assez profondes pour qu'il n'en puisse plus sortir quand il y est tombé. On s'en empare encore en construisant une enceinte dans laquelle est enfermé un Éléphant privé ou oblige celui-ci à jeter un cri qui attire les autres; dès que l'un d'eux est entré dans l'enclos, on en ferme la porte et l'animal est prisonnier. Lorsqu'il se voit ainsi enfermé il entre en fureur; on lui jette des cordes pour l'arrêter; on lui en met aux jambes et à la trompe; on essaie de l'attacher à deux ou trois Éléphants privés qui le frappent avec leur trompe lorsqu'il veut faire résistance, enfin on vient à bout de le dompter en peu de jours en le caressant et en le privant de nourriture; mais il faut ordinairement cinq ou six mois pour l'apprivoiser et le dresser au travail.

Lorsque l'Éléphant est bien dompté, il devient le plus doux, le plus obéissant de tous les animaux; il s'attache à celui qui le soigne et qu'on appelle le Cornac; il le caresse avec sa trompe, il semble deviner tout ce qui peut lui plaire. En peu de temps, il comprend les signes de son maître et même le son de sa voix. Il reconnaît fort bien quand son maître est satisfait ou quand il est en colère. On lui apprend à fléchir les genoux pour donner plus de facilité à ceux qui veulent le monter, à saluer avec sa trompe les personnes qu'on lui fait remarquer; en un mot, on parvient aisément à lui enseigner toutes sortes de gentillesses. On a vu des Éléphants témoigner la plus vive douleur en perdant leur Cornac et n'en vouloir pas souffrir d'autres. On en a vu aussi mourir de chagrin pour avoir tué leur maître dans un moment de colère.

Les défenses de l'Éléphant ont quelquefois 3 mètres de long et pèsent jusqu'à 60 kilogrammes. Elles fournissent l'ivoire qu'on emploie à tant d'usages différents, et qui, par ce motif, a toujours beaucoup de prix dans le commerce. L'Ivoire est blanc lorsqu'on l'emploie, mais il devient toujours jaune avec le temps.

L'Éléphant ne se trouve qu'en Asie et en Afrique. Il ne peut supporter le froid et il souffre aussi de l'excès de la chaleur; pour éviter la trop grande ardeur du soleil, il s'enfonce autant qu'il peut dans les forêts les plus épaisses pour s'y reposer à l'ombre. On croit que lorsqu'il est en liberté il peut vivre jusqu'à deux cents ans. Ceux que l'on retient prisonniers dans les ménageries en Europe, vivent beaucoup moins longtemps.

L'Aigle.

9.ᵉ Leçon.

L'homme et les animaux à quatre pattes ne peuvent que marcher et courir sur la terre. Il ne leur serait pas possible de rester en l'air un seul instant. Il faut que leurs pieds posent quelque part et qu'ils aient constamment un point d'appui. Il n'en est pas de même des oiseaux : au moyen des ailes que la nature leur a données, ils peuvent s'élever dans l'air à une très-grande hauteur et s'y soutenir plus ou moins longtemps. Il y en a qui volent pendant plusieurs heures de suite sans venir toucher la terre. Lorsqu'ils veulent s'élever, ils étendent leurs ailes, ils les agitent et en frappent l'air qui les soutient ; ils les ploient lorsqu'ils veulent descendre et s'abattre. Il y a des quadrupèdes qui courent avec une grande vitesse, mais cette rapidité n'est rien en comparaison du vol des oiseaux. Le cerf, par exemple, ne peut faire plus de 16 myriamètres en un jour ; il y a des oiseaux qui font jusqu'à 8 myriamètres dans une heure ; un très-bon cheval n'en fait pas plus de deux dans le même espace de temps. Cette facilité des oiseaux à parcourir si rapidement de si grandes distances, tient d'abord à la nature et à l'arrangement de leurs plumes dont les tuyaux sont creux, dont la surface est très grande et la substance très légère, elle tient aussi à la forme de leurs ailes qui est arrondie en dessus et creuse en dessous, et à la force qui les fait agir avec beaucoup plus de vitesse et de facilité que l'homme ne peut remuer ses bras. Pourvu d'ailes dont l'étendue est trois à quatre fois plus grande que celle du corps, l'oiseau n'a besoin que de les déployer et de les agiter par de légers mouvements pour se soutenir en l'air. Aussi voit-on beaucoup d'oiseaux profiter de cette faculté pour entreprendre et exécuter des voyages de longue durée à l'approche de l'hiver, les hirondelles et d'autres oiseaux voyageurs se transportent tous les ans en 7 ou 8 jours, à plus de 200 myriam.ˢ on voit souvent des pigeons parcourir un trajet de 6 myriam.ˢ en 7 ou 8 heures.

Des cinq sens, chez les oiseaux, la vue est le plus parfait, et on cela comme en
tous; on reconnaîtra que Dieu a fait toutes choses pour le mieux. Comme ils
peuvent parcourir dans un temps très-court un très-grand espace, il faut bien
qu'ils puissent en juger l'étendue; et de plus; du haut des régions élevées où il
se tiennent, ils ont besoin de découvrir leur proie, qui souvent se tient
cachée à la surface de la terre.

Après la vue, l'ouïe est le sens qui a le plus de perfection dans les oiseaux:
On le voit par la facilité avec laquelle quelques-uns répètent des sons, des airs
et même des paroles; on le voit aussi par le plaisir qu'ils ont à chanter en à
gazouiller continuellement. Les serins retiennent des airs tout entiers
qu'on leur apprend au moyen d'instruments appelés serinettes. On verra à
l'article du Perroquet avec quelle facilité cet oiseau répète les cris, les chants,
les mots qu'il a plusieurs fois entendus. En général, ce sont les plus petits
oiseaux qui ont la voix la plus mélodieuse, comme le Rossignol, la fauvette,
la linotte; les plus gros ont presque toujours le cri rauque, perçant et désagréable.
Parmi les oiseaux comme parmi les quadrupèdes; il y en a qui sont carnassiers,
c'est-à-dire qui ne vivent que de chair, et d'autres qui ne se nourrissent
que de graines et de fruits. Certaines espèces subsistent de poissons
et quelques-unes d'insectes.

Tous les oiseaux sont sujets à la mue, c'est-à-dire que leurs plumes
tombent et se renouvellent tous les ans. Lorsque ce changement arrive, la
plupart sont souffrants et malades; il en est même qui en meurent. La mue
a ordinairement lieu vers la fin de l'été et en automne.

Il y a quelques oiseaux qui ne peuvent voler et qui sont réduits à
courir: l'autruche est de ce nombre. Il y en a qui volent et qui nagent,
mais qui ne peuvent marcher que très-difficilement; enfin, il en
est un grand nombre qui ne se plaisent que sur l'eau, comme les oies,
les canards, les cygnes &c.

Après ces notions générales sur la nature des oiseaux, nous allons
parler de quelques espèces en particulier.

De même que l'on a appelé le Lion, le Roi des animaux, on a surnommé
l'Aigle le Roi des oiseaux. Il mérite ce titre par sa force, par son courage,
par son caractère. Il a le bec et les ongles crochus et redoutables. Sa figure répond
à son naturel: indépendamment de ses armes, il a le corps robuste, les jambes
et les ailes très-fortes, les os fermes, la chair dure, les plumes rudes, l'attitude fière, les
mouvements brusques et le vol très-rapide. De tous les oiseaux, c'est celui
qui s'élève le plus haut. Il vole parfois jusqu'au-dessus des nuages.

L'Aigle a un grand nombre de rapports avec le Lion. Il méprise les petits animaux. Il ne se nourrit que du gibier qu'il prend lui-même; il ne le mange presque jamais en entier; et il laisse comme le lion, les restes aux autres bêtes. Comme le lion aussi, il vit seul et ne permet pas à d'autres oiseaux de chasser dans son voisinage. Il a les yeux étincelants et à peu près de la même couleur que ceux du lion; les ongles de la même forme, les cris également effrayants.

Sa vue est excellente; son odorat est moins bon que celui du vautour. Lorsqu'il a saisi sa proie, il la pose à terre avant de l'emporter, comme pour bien juger de son poids. Lorsqu'il est très-chargé il a quelque peine à s'élever de terre. Il emporte aisément les oies; il enlève aussi les lièvres et même les petits agneaux et les chevreaux. Lorsqu'il attaque les veaux et les faons, il se rassasie de leur chair et de leur sang à l'endroit même où il les a surpris, et il emporte ensuite une partie des restes dans son nid.

On a remarqué, dit-on, dans le nord de l'Europe, un singulier moyen que les aigles emploient quelquefois pour s'emparer des bestiaux: l'aigle plonge dans la mer; et lorsque ses plumes sont bien-trempées d'eau, il se roule sur le rivage jusqu'à ce que ses ailes soient couvertes de sable qui s'attache après elles. Alors il prend son vol, s'élance dans les airs, plane au-dessus du bœuf qu'il a choisi, s'approche de lui, et lui envoie, en secouant tout son corps, une pluie de sable et de petits cailloux dont les yeux de la pauvre bête sont presque aveuglés. En même temps, l'aigle lui porte de violents coups d'ailes qui achèvent de l'effrayer. L'animal, épouvanté, ne sachant d'où vient l'ennemi qui l'attaque, s'enfuit plein de rage et court de tous côtés jusqu'à ce qu'il tombe épuisé de fatigue ou qu'il se jette dans un précipice qu'il n'a pu apercevoir. Alors l'aigle s'abat sur sa victime et la déchire.

Le nid de l'aigle s'appelle une aire. Il est tout plat et non pas creux comme celui des autres oiseaux. Il le place ordinairement entre deux rochers, dans un endroit sec et dont il est difficile d'approcher. On assure que le même nid sert à l'aigle pendant toute sa vie. C'est en effet, un ouvrage assez solide pour durer longtemps; il est construit à peu près comme un plancher avec de petites perches ou bâtons d'environ 2 mètres de longueur, appuyés par les deux bouts et traversés par des branches d'arbres recouvertes de joncs et de bruyères. Ce plancher ou ce nid a plus d'un mètre de largeur; il est assez ferme non seulement pour soutenir l'aigle, sa femelle et ses petits, mais pour supporter aussi le poids d'une grande quantité de vivres; il n'est pas couvert par en haut et n'est abrité que par des parties de rocher. La femelle de l'aigle dépose ses œufs dans le milieu de cette aire; elle n'en pond que deux ou trois ce elle les couve pendant 30 jours. Il n'y a ordinairement qu'un ou deux aiglons dans un nid. Lorsqu'ils commencent à être assez forts pour aller et pourvoir eux mêmes à leur nourriture, le père et la mère les chassent au loin sans leur permettre de jamais revenir.

Le plumage des aiglons est d'abord blanc, ensuite d'un jaune pâle et devient plus tard d'un fauve assez vif. Les aigles redeviennent blancs par suite de vieillesse, de maladie, de privation de nourriture et d'une longue captivité. On dit qu'ils vivent plus de cent ans et qu'ils ne meurent pas seulement de vieillesse, mais de l'impossibilité où ils sont de prendre de la nourriture, parce qu'avec l'âge leur bec se recourbe si fort qu'il leur devient inutile. On a remarqué qu'on pouvait les nourrir avec toute sorte de chair, même avec celle des autres aigles, et que faute de viande, ils mangeaient très-bien du pain, des serpents, des lézards, &c.

On ne peut parvenir à apprivoiser l'aigle que lorsqu'on le prend tout petit, et encore il n'est jamais assez doux pour que sa colère ne soit pas à craindre, même pour son maître. Lorsqu'il n'est pas apprivoisé, il mord cruellement les chats, les chiens et les hommes qui veulent l'approcher. Il jette de temps en temps un cri aigu, perçant et lamentable. Il boit très rarement, et on croit même qu'il ne boit pas du tout lorsqu'il est en liberté, parce que le sang de ses victimes suffit pour le désaltérer.

La femelle de l'aigle est plus forte que le mâle, elle a jusqu'à un mètre de longueur, depuis le bout du bec jusqu'à l'extrémité des pieds, et près de 3 mètres d'envergure, c'est-à-dire de largeur lorsque ses ailes sont déployées. Elle pèse huit et même neuf kilogrammes; le mâle ne pèse guère que 6 kilog. Tous deux ont le bec très-fort et assez semblable à de la corne bleue. Leurs ongles sont noirs et pointus, le plus grand a quelquefois jusqu'à 15 centimètres de longueur. La patte de l'aigle, comme celle de tous les autres oiseaux de proie se nomme serre, elle est d'une force extraordinaire.

L'aigle dont nous venons de parler est de la grande espèce. On le trouve dans les pays chauds et tempérés; on en rencontre en France, en Allemagne; il y en a aussi en Asie et en Afrique, mais pas en Amérique.

Il y a deux autres espèces d'aigles qui diffèrent sous plusieurs rapports, du précédent; ce sont l'aigle commun et le petit aigle. Ils sont beaucoup moins grands et moins forts. Leur plumage est noir ou brun ou tacheté. L'aigle commun préfère les pays froids et se trouve dans les deux continents. Le petit aigle est moins courageux que les autres, il s'apprivoise plus aisément. On le trouve partout, excepté en Amérique.

Le Perroquet.

10ᵉ Leçon.

Le Perroquet est un oiseau remarquable par la beauté et la variété de son plumage, et par la facilité avec laquelle il imite les sons de la voix de l'homme.

Les Perroquets naissent en Asie, en Afrique et en Amérique. On ne voit en Europe que ceux qui y ont été apportés par les voyageurs.

On distingue un grand nombre d'espèces de Perroquets différents par la taille, les couleurs, la forme, les ornements.

Il y a de ces oiseaux qui sont de la grosseur d'un pigeon, d'autres sont plus petits, d'autres plus grands, mais ces derniers ne dépassent pas cinquante centimètres de longueur.

Les Perroquets ont le vol lourd et pesant, ce qui ne leur permet pas de franchir un grand espace. Leur bec, qui est arrondi, a beaucoup de force. Cet oiseau casse aisément des noyaux de fruits, il ronge le bois et fausse même les barreaux de sa cage, pour peu qu'ils soient faibles. Il se sert de son bec plus que des pattes pour se suspendre et s'aider en montant; il s'appuie dessus en descendant comme sur un troisième pied. Leur langue, au contraire de celle de la plupart des oiseaux, est épaisse et très flexible.

Le Perroquet porte à son bec ses aliments avec ses doigts, il présente le morceau de côté et le ronge à l'aise. Sa nourriture se compose de presque toutes sortes de fruits et de graines. Lorsqu'il est apprivoisé, il mange de la plupart de nos aliments; il aime

la viande, mais elle lui est contraire et lui donne une maladie,
par suite de laquelle il suce et ronge ses plumes. Il mange avec
beaucoup de plaisir du pain trempé dans le vin ou dans le café.

On croit que les amandes amères font mourir les perroquets. Le
persil, pris même en petite quantité, leur est funeste. Dès qu'ils en
ont mangé, il coule de leur bec une liqueur épaisse et gluante, et
ils meurent ensuite en moins d'une heure ou deux.

Les perroquets sont sujets à plusieurs maladies, surtout lorsqu'ils
sont privés de leur liberté. Ils vivent assez longtemps; la durée
ordinaire de leur vie est de vingt à trente ans.

Ces oiseaux font, en général, leur nid dans des creux d'arbres;
le perroquet gris, que l'on trouve en Afrique, fait cependant son
nid ailleurs. Les nègres, pour prendre les petits, enfoncent dans le
trou un long bâton garni d'étoupes. L'oiseau, pour se défendre, présente les pattes et s'embarrasse dans la filasse, de manière qu'on
le retire aisément avec le bâton.

Le perroquet que l'on nomme Ara, est un des plus beaux: sa tête
est couverte de plumes d'un rouge le plus éclatant; il en est de même
du cou et de la partie supérieure de son corps. Le dessus de la queue
est rouge dans le milieu et bleu sur les côtés. Les longues plumes des
ailes sont bleues aussi, les épaules sont vertes nuancées de jaune,
la poitrine et le ventre sont d'un rouge brun très-riche.

Il y a beaucoup d'autres perroquets de couleurs différentes, qui tous,
sont très-beaux aussi. On en voit qui sont distingués par une huppe
ou touffe de plumes dont la couleur varie selon les espèces.

En Amérique, les personnes qui font le commerce de ces oiseaux,
ont trouvé le moyen de varier et de rendre plus riches les belles couleurs qui parent leur plumage. Elles font couler goutte à goutte dans
les petites plaies qu'elles font aux jeunes perroquets en leur arrachant
des plumes, le sang d'une grenouille d'une espèce particulière; les plumes
qui renaissent changent de couleur, et de vertes ou jaunes qu'elles étaient,
deviennent orangées, couleur de rose ou panachées. Les perroquets auxquels on a fait cette opération se nomment perroquets tapirés.

Mais ce n'est pas seulement parce que le perroquet a un beau
plumage, qu'il attire notre attention, c'est aussi parce qu'il peut répéter
les mots que les hommes prononcent. Cependant il ne doit cet avantage qu'à la manière dont la nature l'a formé; car cette facilité
est chez lui purement machinale. Il n'a pas plus d'intelligence que

les autres oiseaux, c'est pourquoi l'on appelle Perroquet un enfant qui parle beaucoup ou qui répète sa leçon sans comprendre le sens des paroles qu'il prononce.

Les Perroquets, de même que les autres oiseaux susceptibles d'imiter la voix humaine, écoutent plus volontiers et répètent plus aisément la parole des enfants. C'est le soir, après leur repas, qu'il convient mieux de leur donner leçon parce qu'ils sont alors plus attentifs.

De tous les Perroquets, c'est celui que l'on nomme Jaco, qui parle le mieux et le plus facilement. Ce Perroquet vient d'Afrique, on l'a ainsi appelé parceque le mot Jaco est celui qu'il aime le mieux à prononcer. Tout son corps est d'un beau-gris de perle et d'ardoise nuancé, plus blanc au ventre; sa queue est d'un beau rouge de vermillon; son bec est noir, ses pieds sont gris. Il semble imiter de préférence la voix des enfants, et on a aussi reconnu que les enfants lui apprenaient plus facilement à parler. Il siffle avec beaucoup plus de force et de netteté que l'homme, ses sons sont tellement perçants qu'on en est souvent étourdi. Il imite aussi tellement bien la voix de l'homme qu'il arrive fréquemment qu'on s'y trompe. On peut juger de son désir d'imiter par l'attention avec laquelle il écoute et par l'effort qu'il fait pour répéter. Il gazouille sans cesse quelques airs des mots qu'il vient d'entendre, et souvent on est étonné de lui entendre répéter qu'on n'avait pas pris la peine de lui apprendre. Il y en a qui veulent répéter les paroles sur certains petits airs; mais ils chantent faux et comme ils ne comprennent pas ce qu'ils disent, ils s'arrêtent presque toujours au milieu de leur chanson. Quelquefois, cependant, ils parlent assez à propos et répondent juste à ce qu'on leur demande. On rapporte qu'un Perroquet de cette espèce, qui appartenait au Roi Henri VIII étant tombé dans la Tamise, appela les bateliers à son secours, comme il avait entendu les passagers les appeler du rivage, on alla à lui, et il fut sauvé. Ils savent parfaitement imiter le rire aux éclats; on raconte qu'un certain Perroquet à qui on disait: riez, Perroquet, riez, riait effectivement, et l'instant d'après, s'écriait: ô le grand sot qui me fait rire! On demandait à un autre Perroquet qui habitait la chambre d'un malade: qu'as-tu, Perroquet? qu'as-tu? et il ne manquait jamais de répondre d'un ton plaintif: Je suis malade. Ils retiennent fort bien les jurons, et beaucoup de personnes ont le tort de leur en apprendre. Ils imitent parfaitement tous les bruits qu'ils entendent, les cris des enfants, ceux des animaux, le miaulement du chat, les s'abaiemens du chien et les cris des oiseaux; ils contrefont les ramoneurs, les marchands d'habits et la plupart des cris des rues; ils disent à merveille: Peau de lapin, habits galonés, haut en bas &c. Ils appellent les domestiques avec le même son de voix que le maître. Plus on fait de bruit autour d'eux, plus ils s'animent et plus ils crient. Il en est qui babillent la nuit en rêvant. Quelquefois ils se parlent à eux-mêmes, ils se disent: donne la patte Jaco? et en même temps ils allongent la patte comme si on la leur demandait. Presque tous les perroquets savent dire: As-tu déjeûné, Jaco? oui, oui, oui, — en de quoi? — du rôt. Ce sont là les choses qu'on leur dit le plus ordinairement.

Au moyen de cette imitation de la parole, le perroquet est une espèce de société pour l'homme; On l'aime parce qu'il distrait et qu'il amuse. Quand on est seul, c'est une compagnie; On lui parle, il répond, il crie, il rit, il appelle. Ses petits mots surprennent quelquefois par leur justesse.

Le perroquet a l'œil assuré, la contenance ferme et quelquefois l'air dédaigneux. Il semble qu'il soit fier de son beau plumage. Malgré ses imperfections, il montre de l'attachement, mais il n'est pas prodigue de son amitié, c'est-à-dire qu'il s'attache à peu de personnes; celles qui lui sont indifférentes ne doivent pas se permettre trop de familiarité envers lui; car il a le moyen, en les mordant cruellement, de les faire repentir de leur confiance.

Il est même assez sujet à prendre certaines gens en aversion; mais c'est quelquefois le souvenir de quelques méchanceté qu'on aura faites à lui ou aux personnes qu'il aime, qui cause cette disposition. Il a aussi beaucoup d'éloignement pour les individus qui ont la voix criarde; il se laisse, au contraire, toucher par ceux qui ont la voix douce.

Animaux Domestiques.

La Vache.

1re Leçon.

Les animaux domestiques étaient sauvages dans l'origine. Mais l'homme les a dompriés, et les a en quelque sorte façonnés à son usage, aussi ont-ils besoin de lui et ne peuvent-ils se passer de ses soins. Plusieurs d'entre eux ne se retrouvent nulle part à l'état sauvage ; et si les voyageurs en ont rencontré quelques-uns vivant isolés, et loin de l'homme dans des contrées éloignées, ceux-là diffèrent notablement de ceux qui sont élevés dans nos habitations.

Parmi les animaux domestiques, les plus utiles et les plus précieux pour l'homme sont sans contredit le boeuf, la vache, le mouton, le cheval, le chien.

Le Boeuf est si fort, il a le cou si gros, les épaules si larges, le caractère si tranquille et si patient, qu'il semble fait tout exprès pour tirer la charrue ; aussi on l'emploie presque partout à défricher les terres et sous ce rapport surtout on peut dire qu'il rend les plus grands services. C'est ordinairement dès l'âge de deux ou trois ans qu'on le façonne au labourage. Il ne se soumet pas au joug dès les premiers jours, mais on l'y accoutume insensiblement par la patience, la douceur et les caresses : en le maltraitant, loin d'en rien obtenir, on ne ferait que le décourager, et on le rendrait plus indocile ; sa marche est pesante, son pas est lent mais il est égal.

Le Boeuf a le pied fourchu, c'est-à-dire séparé en deux parties par une fente. Il a sur la tête deux cornes qui ont quelquefois jusqu'à 80 centimètres de longueur ; ces cornes grandissent à mesure que l'animal grandit. Ses yeux sont gros et annoncent la bonté, ses naseaux sont ouverts, ses dents sont blanches et égales. Le fanon, c'est-à-dire la peau du devant de la poitrine pend quelquefois jusque sur les genoux. Sa queue tombe jusqu'à terre, elle est garnie de poils longs et touffus à l'extrémité. Il y a de ces animaux qui pèsent plus de mille kilogrammes; ils vivent ordinairement de quinze à seize ans.

Le Bœuf résiste bien à la fatigue; mais la grande chaleur ainsi que le froid excessif l'incommodent; aussi pendant l'été on le mène au travail dès la pointe du jour; on le ramène à l'étable où on le laisse pâturer à l'ombre dans le milieu de la journée; dans les autres saisons, on l'utilise depuis huit ou neuf heures du matin jusqu'à cinq ou six heures du soir.

Ordinairement, on ne fait travailler le bœuf que jusqu'à l'âge de dix ans; à cette époque on l'engraisse pour le vendre et pour le faire servir à la nourriture de l'homme.

Quoique le bœuf soit d'un naturel patient et d'un caractère tranquille, lorsqu'il s'épouvante ou qu'on l'effraie, il ne connaît plus rien, il court de toute sa vitesse, renverse tout ce qui se trouve sur son passage, et ne s'arrête que lorsqu'il est épuisé de fatigue; hors cette circonstance, il est tellement paisible, qu'une femme ou un enfant suffit pour en conduire un troupeau nombreux.

Les meilleurs bœufs de France sont ceux d'Auvergne et de Basse-Normandie, parce qu'il y a dans ces provinces d'excellents pâturages; il y a aussi de très beaux bœufs en Suisse, en Belgique et en Angleterre.

La Vache ressemble beaucoup au bœuf, elle en a la docilité, l'instinct et les bonnes qualités. Quoiqu'elle soit beaucoup moins forte, on l'emploie aussi quelquefois à la charrue; mais elle est surtout précieuse à l'homme en ce qu'elle lui fournit du lait en abondance.

Le Bœuf et la vache ne prennent d'aliments qu'autant qu'il est nécessaire pour leurs besoins. En hiver, on les nourrit avec du foin, de la paille, un peu d'avoine et de son; en été, on les mène au pâturage ou on leur donne de l'herbe fraîche, de la luzerne, du sainfoin, de la vesce, des lupins (espèce de pois sauvage). Ils mangent aussi des navets, de l'orge bouillie, des feuilles de frêne, d'orme, de chêne qu'ils aiment beaucoup, mais qui leur sont nuisibles quand on leur en donne une trop grande quantité. Ils deviennent plus forts quand on les nourrit de foin sec que quand on ne leur donne que de l'herbe fraîche. Ils aiment beaucoup le vin, le vinaigre, le sel; ils dévorent avec avidité, une salade assaisonnée. Ces animaux commencent par avaler autant de nourriture qu'ils en ont besoin; mais ils ne se contentent pas de la mâcher une seule fois. Quand cette nourriture a été accumulée dans le plus grand de leurs quatre estomacs, ils s'arrêtent ou se couchent pour ruminer, c'est-à-dire la faire remonter dans leur bouche, où ils la mâchent une seconde fois, et avec plus de

soin que la première : ce n'est qu'alors que pour eux commence la digestion ;
c'est-à-dire que les aliments sont portés dans les autres estomacs. Ils se couchent
ordinairement sur le côté gauche.

On peut les engraisser en toute saison, mais on préfère l'été, parce qu'à
cette époque on a plus de moyens de leur donner une nourriture succulente
en abondance. Lorsqu'on veut les engraisser, on cesse de les faire travailler, on mêle
un peu de sel à leurs aliments parce que le sel excite leur appétit. On les laisse ruminer
et dormir à l'étable pendant les grandes chaleurs, et au bout de quatre ou cinq
mois, ils deviennent tellement gras qu'ils ont de la peine à marcher.

Quelque bien engraissée que soit la vache, sa chair est toujours sèche et moins
estimée que celle du bœuf ; cependant on en fait aussi une grande consommation.

On a remarqué que ces animaux avaient l'habitude de se lécher, surtout
pendant qu'ils sont en repos ; et, comme cela les empêche d'engraisser, on a
soin de frotter de leur fiente tous les endroits de leur corps auxquels ils peuvent
atteindre. Lorsqu'on ne prend pas cette précaution, ils s'enlèvent le poil
avec leur langue qui est fort rude, et ils avalent ce poil en grande quantité :
ce poil, qui ne peut être digéré, finit par former des pelotes rondes si
grosses, qu'elles les incommodent et nuisent à leur santé. On a trouvé de ces
pelotes qui avaient 10 centimètres de diamètre et qui pesaient plus de
250 grammes.

Les vaches blanches sont celles qui donnent le plus de lait, les noires
sont celles qui donnent le meilleur. On trait la vache deux fois par jour en été,
et une fois seulement en hiver. Pour augmenter la quantité de son lait, on la nourrit avec
des aliments plus succulents que l'herbe, des betteraves par exemple.

Tout le monde sait de quelle utilité est le lait pour les besoins de l'homme.
On en fait usage de diverses manières. Le bon lait n'est ni trop épais ni trop
clair ; lorsqu'on en prend une goutte, elle doit conserver sa rondeur sans couler ;
il doit être aussi d'un beau blanc : celui qui tire sur le bleu ou sur le jaune
ne vaut rien ; sa saveur doit être douce, sans amertume ni âcreté. C'est un breu-
vage sain, nourrissant et agréable au goût ; il est meilleur au mois de Mai et pendant
l'été que dans l'hiver. Le lait se compose de trois parties bien distinctes : 1° la partie
qui sert à faire des fromages de toute espèce ; 2° celle avec laquelle on fait le
beurre ; 3° celle qu'on appelle le petit lait, qui est une boisson saine et rafraîchissante.

Pour faire le beurre, on écrème ordinairement avec une coquille, le
lait après qu'il a été reposé ; on verse cette crème dans une espèce de tonneau
large par le bas et étroit du haut et on la bat avec un bâton au
bout duquel on a adapté une planche de la largeur de l'entrée du
tonneau ; on l'agite jusqu'à ce qu'elle soit changée en une substance

jaunâtre, qui est le beurre; le beurre surnage et laisse au fond un liquide
qu'on appelle lait de beurre, avec lequel on nourrit les bestiaux.

Pour faire du fromage, on se sert d'une espèce de levain qu'on nomme présure,
qui se trouve dans l'estomac du veau et qu'on fait sécher à l'air; on jette cette
présure dans le lait dont on veut faire du fromage; on la met ensuite dans des
formes pour en égoutter le petit lait, et le fromage se trouve fait le lendemain.
Moins le lait a été écrémé, plus le fromage a de qualité: le fromage de
Brie se fait dans le département de Seine-et-Marne; le fromage de Maroilles
dans le département du Nord; le fromage de Gruyère se fait surtout en Suisse,
on en fabrique aussi dans le département du Doubs. Il y a encore divers autres
fromages estimés comme celui de Hollande, le fromage de Roquefort, le fromage
du Mont-d'Or.

La vache n'a ordinairement qu'un petit à la fois, ce petit s'appelle veau.
On laisse le veau auprès de sa mère pendant les cinq ou six premiers jours
de sa naissance, afin qu'il soit toujours chaudement, et qu'il puisse téter aussi
souvent qu'il en a besoin. Au bout de ce temps, on le sépare, parce qu'il est assez fort
et qu'il épuiserait sa mère, s'il était toujours auprès d'elle.

Il suffit alors de le faire téter deux ou trois fois par jour. Pour l'engraisser
promptement, on lui donne des œufs crus, du lait bouilli et de la mie de pain;
au bout de quatre ou cinq semaines, il est très bon à manger. On le
laisse téter trente à quarante jours lorsqu'on veut le vendre au
boucher; mais si on veut l'élever, il faut le faire téter trois ou quatre mois.
La chair de cet animal est d'un fort bon goût; c'est une nourriture saine
et excellente; sa peau s'emploie à faire des chaussures.

Les dépouilles du bœuf et de la vache sont aussi utiles que leur chair:
leur peau tannée et corroyée deviennent le cuir que les cordonniers et les
bottiers emploient pour les chaussures. La corne sciée, tournée et fondue
sert à fabriquer des boîtes, des tabatières, des peignes, des cornets, des
encriers, des manches de couteaux et mille autres ouvrages. Le fiel sert
pour blanchir et dégraisser les étoffes, pour ôter les taches des
habits; les peintres en font usage pour nettoyer leurs
tableaux. Avec le pied de bœuf ou de vache, on fait de
très bonne huile à brûler: les pieds, les tendons, les rognures
de la peau bouillies ensemble, font de la colle forte. Une partie des
intestins se mange; enfin les excréments sont un excellent
engrais pour les terres. Dans les campagnes on s'en sert
pour le chauffage.

Le Mouton.

2ᵉ Leçon.

De tous les animaux que l'homme a su faire servir à son usage, le plus doux, le plus timide, le plus stupide est le mouton.

En général la plupart des animaux prévoient le danger, ils l'évitent et tâchent de s'y soustraire. Il n'en est pas ainsi des moutons. Quand ces animaux sont réunis en troupeaux, le moindre bruit les épouvante, et ils expriment la crainte qu'ils éprouvent en se précipitant, en se serrant les uns contre les autres; mais ils restent à peu près immobiles dans cette situation, sans chercher à fuir le danger qui les menace. Lorsqu'ils sont exposés à la pluie, ils ne paraissent pas comprendre l'incommodité de leur position; ils demeurent où ils se trouvent, et pour qu'ils changent de place, il faut que le berger les y force. Ce qui prouve encore la timidité et l'imbécillité de cet animal, c'est qu'il se laisse enlever son petit sans résister, sans témoigner de colère et sans marquer sa douleur par un cri différent de son bêlement ordinaire.

Les chèvres qui ressemblent au mouton sous tant de rapports, ont beaucoup plus d'esprit et de sentiment; elles savent du moins se conduire; elles évitent les dangers; quand elles éprouvent quelques craintes vives, elles viennent à l'homme, elles se familiarisent avec lui, tandis que la brebis ne sait ni fuir ni s'approcher. On ne peut pourtant pas dire que cet animal soit dépourvu de tout instinct, puisqu'on remarque tous les jours qu'un jeune agneau cherche et parvient à reconnaître sa mère au milieu d'un nombreux troupeau.

Les moutons ont le pied fourchu. Ils sont d'un tempérament très-faible, ils ne peuvent marcher longtemps. Les voyages les affaiblissent. Dès qu'ils courent, ils sont bientôt essoufflés et rendus.

La grande chaleur, l'ardeur du soleil les incommode autant que l'humidité, le froid et la neige. Ils sont sujets à un grand nombre de maladies, dont la plupart sont contagieuses ; l'excès de la graisse les fait quelquefois mourir.

Pour élever des moutons on en réunit un certain nombre et on les place sous la conduite d'un berger, le berger les mène aux champs, choisit l'endroit le plus propice pour le pâturage, les conduit ailleurs, lorsqu'il le juge convenable, pour qu'ils y trouvent une nourriture plus abondante, un refuge contre la pluie ou un abri contre le soleil. Il tient ordinairement à la main une houlette, dont il se sert pour jeter des mottes de terre aux moutons, et pour les faire revenir. Il est toujours accompagné d'un ou de plusieurs chiens, d'une espèce particulière, qu'on appelle chiens de bergers et qui sont doués d'un instinct remarquable pour la garde des troupeaux. C'est une chose infiniment curieuse que de voir l'intelligence et l'activité de ces animaux; ils ont continuellement les yeux fixés sur leur maître; ils lisent dans ses regards; au moindre mot, au moindre signe ils courent, ils s'arrêtent, ils viennent se ranger derrière le berger; ils exécutent ses ordres, en se précipitant à la tête ou à la queue du troupeau, pour arrêter ou pour activer la marche; ils se jettent sur les brebis qui s'éloignent, poursuivent celles qui sont en retard, et les mordent assez vivement pour leur faire rejoindre le troupeau.

Sans l'aide de ces intelligents animaux, il serait bien difficile au berger de conduire le troupeau; le chien est si actif, si zélé, si rempli d'instinct qu'il sait de lui-même les moutons qu'il doit surveiller; qu'il ne leur permet pas de commettre de dégâts dans les terres ensemencées, et qu'en un mot, lorsqu'il est convenablement dressé, il devine si bien de lui-même tout ce qu'il a à faire, que le maître n'a presque rien à lui prescrire. Le petit de la Brebis s'appelle agneau; c'est un joli petit animal, dont la vue plaît toujours à l'enfance. Il est si doux, si paisible que les enfants s'approchent de lui avec empressement et le caressent sans la moindre crainte. Les agneaux têtent ordinairement leur mère pendant six semaines ou deux mois. Lorsqu'ils ont pris assez de force et qu'ils commencent à bondir, on les laisse suivre leur mère aux champs. La chair de l'agneau est assez délicate. On tire aux bouchers ceux qui naissent faibles et on ne garde pour les élever, que les plus gros, les plus vigoureux et ceux qui sont le plus chargés de laine. La Brebis a du lait pendant sept ou huit mois et en grande abondance. Ce lait est une assez bonne nourriture pour les enfants et pour les gens de la campagne. On en fait aussi de bons fromages, surtout en le mêlant avec le lait de vache. Parmi les personnes qui se nourrissent de la chair du mouton, qui sont couvertes de vêtements faits avec sa laine, il en est un grand nombre qui ne se doutent pas de tous les soins qu'exige l'éducation de cet animal. Nous allons essayer d'en donner une idée. Pendant l'hiver, on nourrit les moutons à l'étable. On leur donne du son, des navets, du foin, de la paille, de la luzerne, du sainfoin, des feuilles d'ormes, de frêne, &c. On les fait cependant sortir tous les jours, à moins que le temps ne soit trop mauvais,

mais c'est plutôt pour les promener que pour les nourrir. Dans cette mauvaise saison, on ne les
conduit aux champs que vers dix heures du matin, et on les ramène à l'étable vers
les trois heures après midi. Au printemps et en automne, au contraire, on les fait sortir
aussitôt que le soleil a dissipé la gelée ou l'humidité, et on ne les ramène qu'au
soleil couchant; mais on leur donne aussi du fourrage à l'étable, ce n'est que
pendant l'été qu'ils prennent aux champs toute leur nourriture. On les fait
sortir de grand matin; on attend que la rosée soit tombée pour les laisser
paître pendant quatre ou cinq heures, ensuite on les fait boire, et on les
ramène à la bergerie ou dans quelqu'autre endroit à l'ombre. Sur les trois ou
quatre heures du soir, lorsque la grande chaleur commence à diminuer, on les
mène paître une seconde fois jusqu'à la fin du jour. Quelquefois même on
les laisse passer la nuit aux champs et ils en deviennent plus vigoureux.

On les conduit de préférence dans les terrains secs, dans les lieux élevés où
l'on trouve en abondance du serpolet et d'autres herbes odoriférantes: la chair
du mouton, ainsi nourri, est de bien meilleure qualité que quand on la mène
paître dans les plaines basses et dans les endroits humides; mais elle n'est nulle
part aussi bonne que dans les pâturages voisins de la mer, parce que toutes
les herbes y sont salées et que rien n'est plus salutaire aux moutons que le sel lorsqu'il leur est donné modérément. Le sel flatte leur appétit, les excite à boire et les
fait promptement engraisser. Dans beaucoup d'endroits on en met dans la
bergerie un sac qu'ils vont tous lécher tour à tour. = On coupe la laine des moutons
une fois par an, ayant soin de les bien laver d'avance, afin de rendre la laine aussi
propre qu'elle peut l'être; mais on leur en laisse une certaine partie afin de les
garantir du froid. C'est avec cette laine qu'on file les vêtements dont nous nous
couvrons. On en fait aussi des bas, des couvertures, des tapis, en un mot on l'emploie à
une infinité d'usages. Des diverses espèces de laines, la plus estimée est la blanche,
parce qu'on peut la teindre de toutes les couleurs. C'est avec la graisse du mouton que
l'on fait le suif dont on fabrique des chandelles. On tire encore des moutons un avantage
considérable en les laissant séjourner sur les terres qu'on veut rendre plus produc-
tives. Le fumier, l'urine et la chaleur du corps de ces animaux forment un engrais
qui rend en peu de temps aux terres la fertilité qu'elles avaient perdue. Enfin, la chair du
mouton est une nourriture très estimée. Sa peau, garnie de poils, est une fourrure
très chaude; tannée, on l'emploie, sous le nom de basane, à relier des livres, à couvrir
des meubles, à faire des pantoufles et à beaucoup d'autres usages.

On voit par là que le mouton, quoique dépourvu de sentiments, quoique dénué
des qualités qui distinguent les autres animaux, rend cependant de grands services
à l'homme. A lui seul il peut suffire aux besoins de première nécessité. Il fournit
à la fois de quoi se nourrir et se vêtir. Si l'on ajoute à cela les avantages particuliers
que l'on tire de son suif, de son lait, de sa peau et de son fumier, on reconnaîtra
que cet animal mérite d'être placé au premier rang parmi les animaux utiles.

La Chèvre.

3ᵉ Leçon.

La chèvre a quelque ressemblance avec la brebis sous le rapport de la longueur et de la hauteur du corps, la conformation des parties intérieures est aussi presqu'entièrement semblable, les maladies qu'elle éprouve sont à peu près les mêmes, elle se nourrit de la même manière, mais il y a aussi entre ces deux animaux de nombreuses différences. La chèvre est couverte de poil et non de laine, elle a des cornes longues, noueuses, recourbées en arrière, une longue touffe de barbe sous le menton, la queue courte et le corps maigre. Elle a aussi plus d'intelligence que la brebis, elle est plus forte, plus légère, plus agile et moins timide, elle ne craint pas, comme la brebis, la trop grande chaleur; elle sort au soleil et reste exposée à ses rayons les plus vifs sans en être incommodée, elle n'a pas peur des orages; elle ne craint pas la pluie; mais elle est très sensible à la rigueur du froid; elle vient à l'homme volontiers; elle se familiarise aisément, elle est sensible aux caresses et capable d'attachement. Comme elle aime à s'écarter dans les solitudes, à grimper sur les lieux escarpés et même à dormir sur la pointe des rochers et sur le bord des précipices, elle est assez difficile à conduire. C'est avec peine qu'on en forme des troupeaux, et il est presque impossible à un seul homme de diriger plus de cinquante de ces animaux réunis; elle est d'un naturel très capricieux comme l'indiquent toutes ses actions; elle marche, elle s'arrête, elle court, elle bondit, elle saute, s'approche ou s'éloigne, se montre, se cache ou fuit, sans autre cause que celle de la vivacité inconstante de son caractère. Il faut voir toute la pétulance et la rapidité de ses mouvements pour bien juger de sa force et de sa souplesse.

Quelquefois on les conduit avec les moutons, mais elles ne restent jamais à la suite, elles se placent toujours à la tête du troupeau. Comme elles n'aiment pas les plaines, il vaut mieux les mener paître séparément sur les montagnes et les collines. On les fait sortir de grand matin pour les mener aux champs; l'herbe couverte de rosée qui n'est pas bonne pour les moutons, fait beaucoup de bien aux chèvres; elles sont si peu difficiles sur les aliments, qu'elles trouvent presque partout une nourriture suffisante. On ne les laisse pas sortir dans les temps de neige, car le froid et l'humidité leur sont contraires, on les retient à l'étable pendant l'hiver, et on les nourrit d'herbes, de petites branches d'arbre cueillis en automne, ou de choux, de navets. On a soin de les éloigner des endroits cultivés, de les empêcher d'entrer dans les blés, dans les bois, et dans les vignes, parce qu'elles y font de grands dégâts. Les arbres dont elles broutent les jeunes pousses périssent presque toujours; elles atteignent aux branches ou se dressent sur leurs pieds de derrière.

Les chèvres coûtent fort peu à nourrir, on ne leur donne du foin que quand elles ont des petits, et elles en ont ordinairement un, quelquefois deux, mais jamais plus de quatre: On les appelle chevreaux, cabris ou biquets; ce sont de jolis petits animaux, la mère les allaite pendant un mois ou cinq semaines. Plus elle mange et plus son lait augmente; pour entretenir cette abondance de lait, on la fait beaucoup boire, et on lui donne quelquefois du salpêtre ou de l'eau salée. On trait les chèvres soir et matin, et elles donnent du lait en abondance pendant quatre ou cinq mois. On évalue à trois ou quatre litres la quantité qu'elles peuvent fournir par jour. Elles se laissent téter aisément, même par les enfants, pour lesquels ce lait est une excellente nourriture; il est plus sain et meilleur que celui de la brebis, moins épais que celui de la vache, et un peu plus que celui d'ânesse. Il donne de l'embonpoint aux personnes maigres et rétablit les estomacs délicats, ou en fait de très bons fromages.

La plupart des chèvres ont des cornes, mais quelques-unes n'en ont pas, on dit que ces dernières sont celles qui donnent le plus de lait. La couleur de ces animaux varie beaucoup; il y en a de blanches, de noires, de fauves et de plusieurs autres couleurs; les noires passent pour les plus robustes de toutes.

La chair des jeunes chevreaux est tendre et assez succulente; on les engraisse de la même manière que les moutons; mais quelque soin qu'on prenne et quelque nourriture qu'on leur donne, leur chair n'est jamais aussi bonne que celle du mouton.

Les chèvres craignent les lieux humides et les prairies marécageuses; on en élève rarement dans les pays de plaines, elles s'y portent mal, et leur chair est de mauvaise qualité. Dans la plupart des climats chauds, l'on nourrit des chèvres en grand nombre, et on ne leur donne point d'étable; en France, elles périraient si on ne les mettait pas à l'abri pendant l'hiver. Comme la chèvre craint l'humidité, il faut nettoyer soigneusement son étable, ne jamais la laisser coucher sur son fumier, et lui donner tous les jours de la litière fraîche.

La chèvre a quatre estomacs et elle rumine comme le bœuf et le mouton; elle a une grande aversion pour la salive et l'haleine de l'homme; aussi, quand on lui donne du son, du pain ou quelque autre nourriture, il faut éviter de souffler dessus, car elle ne voudrait pas y toucher, à moins qu'elle ne fût extrêmement pressée par la faim.

Sa chair se mange; sa peau quand elle est tannée, forme un cuir très estimé; on tire aussi parti de son suif. Les poils de certaines chèvres qui habitent les montagnes de l'Asie, servent à fabriquer des châles précieux comme sous les noms de cachemires. On rencontre dans les Alpes, les Pyrénées et les montagnes de la Grèce des animaux sauvages qui ont la plus grande ressemblance avec nos chèvres domestiques, mais qui sont armés de cornes plus grosses et plus fortes.

Le Cheval.
4ᵉ Leçon.

De tous les animaux employés au service de l'homme il n'en est pas de plus utile que le cheval, ni dont l'espèce soit plus généralement répandue; l'utilité même de cet animal est si grande, que partout on a cherché à en multiplier le nombre.

Parmi les quadrupèdes, le cheval est celui qui, à une grande taille, joint le plus de proportion et d'élégance dans les diverses parties de son corps. Comparez-le aux autres animaux, et vous verrez que l'âne est beaucoup moins bien fait, que le lion a la tête trop forte, que le bœuf a les jambes trop minces pour sa grosseur, que le chameau est difforme, et que les plus gros animaux, le Rhinocéros et l'Éléphant ne sont, pour ainsi dire, que des masses informes. Le Cheval relève la tête avec grâce; il a le maintien noble et fier, les yeux vifs et bien fendus; ses oreilles sont bien proportionnées; elles ne sont ni courtes comme celles du Bœuf, ni démesurément longues comme celles de l'âne, ni pendantes comme celles de l'Éléphant. Sa crinière garnit bien sa tête et orne son cou; sa queue traînante et touffue termine avantageusement l'extrémité de son corps; elle diffère infiniment de la queue courte du cerf, de l'Éléphant et de la queue dégarnie de l'âne, du chameau, du Rhinocéros. Il la fait mouvoir de côté et d'autre et s'en sert utilement pour chasser les mouches qui l'incommodent.

Tous les chevaux n'ont pas les mêmes formes: les uns sont épais et vigoureux, ils ne peuvent courir qu'avec difficulté et on ne les emploie qu'à traîner les voitures pesantes, comme les chevaux de rouliers, de Brasseurs, de Vétiers &c.; les autres sont si fins et si légers, qu'ils ne conviennent pas pour traîner les voitures et on ne s'en sert que comme chevaux de selle; enfin il en est qui tiennent de peu

pour courir quoiqu'attelés à des voitures, comme les chevaux de carrosse, les chevaux
de poste qui tiennent le milieu entre les chevaux épais et les chevaux fins.

Les plus beaux chevaux de selle que l'on connaisse sont les chevaux arabes.
Comme les arabes possèdent presque tous des chevaux et qu'ils ne vivent que sous la
proue maison, cette tente leur sert aussi d'écurie: le cheval, le poulain, le mari, la femme
et les enfants couchent tous pêle-mêle sous la tente: on y voit les petits enfants sur le corps,
sur le cou du cheval et du poulain, sans que ces animaux les blessent ou les incommodent;
on dirait qu'ils n'osent remuer de peur de leur faire du mal. Les chevaux sont si accou-
tumés à vivre familièrement avec leurs maîtres, qu'ils souffrent toutes sortes de jeux
et s'y prêtent avec complaisance. Les arabes ne les battent point et les traitent avec une
extrême douceur; ils parlent et raisonnent avec eux, ils en prennent le plus grand soin
et ne les poussent jamais sans nécessité; mais aussi, dès que le cheval se sent presser
le flanc avec le coin de l'étrier, il part subitement avec une vitesse incroyable; il saute
les haies, les fossés, aussi légèrement que le cerf. Si le cavalier vient à tomber, le
cheval est si bien dressé qu'il s'arrête tout court, même dans le galop le plus
rapide. Tous les chevaux de là-bas sont d'une taille médiocre et plutôt maigres
que gras. Ils sont pansés soir et matin fort régulièrement et avec tant de soin
qu'on ne leur laisse pas la moindre poussière sur le poil. On ne leur donne
rien à manger de tout le jour, mais on les fait boire deux ou trois fois. Au
coucher du soleil on leur attache à la tête un sac rempli d'orge. Ils ne mangent donc
que pendant la nuit; et on leur ôte ce sac le lendemain matin. Au printemps
on les met à l'herbe, et lorsqu'elle vient à manquer, on les nourrit le plus souvent
avec des dattes et du lait de chameau.

Après les chevaux arabes, les plus estimés sont ceux de Barbarie; ils sont fort
légers et très-propres à la course. Il y a aussi en Espagne des chevaux d'une grande
beauté et d'un grand prix. En Angleterre, on s'est attaché depuis fort longtemps
à améliorer les races de chevaux; on en trouve d'excellents, surtout pour la
course. Les chevaux danois sont d'une très haute taille et très estimés pour le
carrosse. En Allemagne, les chevaux de Hongrie sont cités comme très légers et
bons coureurs. On trouve en France, d'excellents chevaux pour les divers usages:
le cheval limousin est très-propre à la selle; la Franche-Comté, la Normandie, la Flandre
et l'Artois fournissent de très bons chevaux d'attelage.

Le petit du cheval s'appelle poulain. Dans les premiers temps de sa naissance,
ses jambes de derrière sont beaucoup plus longues, proportionnellement, que
dans le cheval; mais cette disproportion diminue avec le temps. On laisse
téter le poulain pendant six ou sept mois, après cela on le sèvre pour lui faire

prendre une nourriture plus solide que le lait, on lui donne du son deux fois
par jour, et on y mêle du foin haché; on augmente la quantité à mesure qu'il
avance en âge. On le garde à l'écurie tant qu'il témoigne le désir de rester avec sa
mère, mais lorsque le temps est pressé, on le laisse sortir quand il fait beau, ou on le conduit
au pâturage. Au mois de Mai on lui permet de pâturer tous les jours, et on le laisse
coucher à l'air pendant tout l'été. On le conduit de cette façon jusqu'à l'âge de
quatre ans, et alors on l'accoutume à manger de l'herbe sèche.

Les chevaux ne seraient pas obéissants comme nous les voyons si on ne s'y
prenait de bonne heure pour les dresser et les rendre dociles. C'est vers l'âge de
trois ans ou trois ans et demi que cette éducation commence. On leur met d'abord
sur le dos une selle légère et on les laisse sellés pendant deux ou trois heures chaque
jour. On les accoutume de même à recevoir un bridon et à se laisser lever les pieds,
sur lesquels on frappe quelques coups comme pour les ferrer. On les fait trotter pendant quelque temps avec la selle ou le harnais sur le corps, sans les monter, puis on les monte
ou les fait marcher, et enfin, on leur fait faire de petites courses jusqu'à ce qu'ils soient bien
habitués au cavalier. Ce n'est ordinairement qu'à l'âge de quatre ans que les chevaux sont
assez forts pour pouvoir marcher, sans se fatiguer, avec le cavalier sur le dos.

C'est par divers moyens qu'on fait exécuter au cheval les mouvements néces-
saires. Souvent il suffit de leur parler; ils obéissent au commandement, et selon
que leurs maîtres prononcent certains mots ils pressent le pas, tournent à gauche,
à droite ou s'arrêtent; mais ce moyen n'est guère employé que par les charretiers
et avec les chevaux de trait. Tous les chevaux se dirigent par le mors, morceau de fer
qu'on leur passe dans la bouche, et auquel est attaché une bride, que le cocher tient
dans sa main. Le cheval a la bouche si sensible que le moindre mouvement de la bride
l'avertit de la volonté de celui qui le conduit et il s'y conforme. C'est de cette manière
qu'on dirige les chevaux de selle, ainsi nommés parce que, pour les monter, on leur
met sur le dos une selle sur laquelle le cavalier s'assied, en posant les pieds sur deux
étriers suspendus à côté de la selle. Le cavalier est en outre, armé d'éperons qui piquent les
flanc du cheval, l'excitent et le font marcher plus vite; lorsqu'un cheval est bien
dressé et qu'il est monté par un bon cavalier, l'éperon est presque inutile; les mouvements
des genoux suffit pour diriger l'animal. On se sert aussi du fouet pour pousser
la marche des chevaux; mais ce moyen ne s'emploie le plus ordinairement que
pour les chevaux de voiture.

Le cheval a trois espèces de démarches qu'on appelle allures. Le pas est
le plus lente de toutes; le trot est plus prompt que le pas et le galop est
l'allure la plus rapide. Il y a des chevaux qui ont une allure particulière

qu'on nomme l'amble; cette démarche ressemble au trot; elle est plus douce pour le cavalier, mais plus fatigante pour le cheval; elle consiste à avancer à la fois et alternativement les deux jambes du même côté.

La nourriture ordinaire des chevaux, en Europe, est composée principalement de foin, paille et avoine. Au printemps, on les conduit dans les pâturages et ils y paissent de l'herbe fraîche. Cela s'appelle mettre les chevaux au vert.

Le cheval dort beaucoup moins que l'homme, il ne reste guère couché que deux ou trois heures de suite, puis il se relève pour manger et lorsqu'il a été trop fatigué, il se couche une seconde fois après avoir mangé, mais en tout, il ne doit pas plus de trois ou quatre heures sur vingt quatre. Il y a même des chevaux qui ne se couchent jamais et qui dorment toujours debout.

Le pied du cheval n'est pas fendu comme celui du Bœuf et du mouton, il est d'une seule pièce et protégé par une corne épaisse qu'on appelle le sabot. C'est sous ce sabot que l'on applique et que l'on cloue un morceau de fer qui sert à garantir la corne. Sans cette précaution, le sabot s'userait promptement sur le pavé, et le cheval ne pourrait plus marcher qu'avec difficulté.

La taille la plus ordinaire du cheval est de 1 mètre cinquante à 1 mètre soixante dix centimètres de hauteur; mais il y en a de beaucoup plus grandes, surtout en Hollande, en Belgique et en Angleterre. En Corse, au contraire, ils sont beaucoup plus petits. Il existe aussi en Corse une espèce de chevaux qu'on appelle bidets et qui sont de très petite taille. En Laponie, on trouve une race de chevaux qui n'ont pas plus de un mètre de hauteur, c'est à peu de chose près, la taille d'un chien dogue de la grande espèce.

Le cheval peut vivre jusqu'à vingt-cinq ou trente ans. Les gros chevaux vivent moins longtemps que les chevaux fins; ils sont vieux dès l'âge de quinze ans. C'est par l'inspection des dents qu'on reconnaît l'âge du cheval, mais après dix ans, les marques qui existaient disparaissent, et l'âge devient difficile à constater.

Le cri du cheval s'appelle hennissement. Il hennit lorsqu'il a de la joie ou de la colère, ou qu'il désire vivement quelque chose; lorsqu'il montre les dents et semble rire, c'est qu'il est en colère et qu'il veut mordre.

Quoique le cheval soit très docile, il se rebute aisément lorsqu'on exige trop de lui. Il est si rempli d'ardeur et de courage qu'il emploie d'abord toutes ses forces; mais si on lui demande encore davantage, si on le charge de fardeaux trop pesants, il refuse de marcher et se raidit contre la volonté de son conducteur. C'est à cause de son ardeur même qu'il est moins propre que le Bœuf à l'agriculture, au labourage et à tous les travaux qui exigent un pas lent, une démarche toujours égale, une constance qui ne se lasse pas.

Le Cheval est sensible aux caresses et il se souvient aussi fort longtemps des mauvais traitements. On a vu que bien souvent il malheureux chevaux frappés, accablés de coups de fouet sans raison comme sans nécessité par les charretiers qui les conduisent.

Le cheval a la vue bonne et perçante, il y voit même assez bien la nuit; il a aussi l'ouïe excellente. Il est doué d'une intelligence remarquable. Il reconnaît très bien les endroits par lesquels il a passé, les auberges où il s'arrête habituellement, les côtes où il a coutume de ralentir sa marche; il retrouve parfaitement la maison qu'il habite, même au milieu des plus grandes villes. Il en est qui suivent leur maître ou palefrenier comme fait un chien, qui mangent le pain dans la main qui le leur présente, qui lèchent leur maître et hennissent en le voyant. On cite de cet animal des traits nombreux d'intelligence et d'attachement.

Résumons en quelques mots ce que nous avons dit de l'utilité du cheval: Il s'emploie au labourage, mais avec moins d'avantage que le bœuf, par les motifs que nous avons exposés plus haut. On l'attelle à toute espèce de voiture et il traîne des fardeaux pesants. Il est tel cheval qui peut traîner un poids de deux mille kilogrammes. Il porte aussi sur son dos des fardeaux considérables. On l'utilise à la guerre, soit pour traîner les chariots d'artillerie, soit pour porter des cavaliers qui sont une partie notable de la force des armées. Aussi intrépide que son maître, il ne craint pas le danger, il aime le bruit des armes, il s'anime pendant le combat, et il se précipite sans hésiter au milieu du feu de l'ennemi. Il transporte l'homme avec rapidité à une grande distance; il en est qui parcourent deux myriamètres en une heure avec une extrême facilité. Enfin puisque nous énumérons les divers rapports sous lesquels le cheval est utile, nous ne devons pas oublier de dire que son fumier est un engrais excellent.

Lorsque les chevaux sont vieux, qu'ils ne peuvent plus rendre aucun service, on les conduit à l'équarrisseur, qui les tue et qui en utilise les différentes parties. La peau, lorsqu'elle est tannée, s'emploie par les cordonniers et les bourreliers. La chair sert à la nourriture des animaux, et pourrait, au besoin, servir à celle de l'homme; elle est saine et d'un goût agréable. Avec le crin on confectionne des étoffes; avec les intestins on fabrique des cordes à boyaux. Les tendons sont achetés et utilisés par les fabricants de colle forte; la graisse se fond et produit une huile très-recherchée par les émailleurs et les bourreliers, les cornes ou sabots servent aux fabricants de peignes; les gros os aux couteliers et aux tabletiers.

On voit par ces détails, que si le cheval rend des services nombreux pendant sa vie, il est encore d'une certaine utilité après sa mort.

L'Âne.
5ᵉ Leçon.

L'âne est un animal domestique qui n'est pas apprécié comme il mérite de l'être. On est généralement bien injuste à son égard. Au lieu de le juger en lui-même, on le compare sans cesse au cheval
avec lequel il a de la ressemblance, et comme il lui est inférieur sous beaucoup de rapports, on
le méprise, on le maltraite comme s'il ne rendait aucun service et qu'il ne méritât aucun ménagement. Jeune ou vieux, il est le jouet des enfants, il est en butte à la brutalité de ceux qui le
conduisent. On ne le mène qu'à coups de bâton, on le surcharge d'énormes fardeaux, on n'en prend
aucune espèce de soin. Sans doute il n'a pas la fierté, l'ardeur, la force et la vitesse du cheval; mais si le
cheval n'existait pas, l'âne nous paraîtrait plus beau, mieux fait, plus distingué et serait le plus utile des
animaux. S'il n'a pas les qualités du cheval, il en a aussi de bien précieuses et qu'il faut savoir reconnaître. Il est tranquille et patient, il souffre avec constance les châtiments et les coups. Il se résigne facilement à supporter de longues fatigues et de pénibles privations. Il coûte fort peu d'achat
et il est facile à nourrir; sa sobriété est extrême; il se contente de chardons et des herbes
les plus dures, les plus désagréables, que le cheval et les autres animaux ne veulent pas
manger. Un peu de paille hachée et broyée est pour lui un véritable régal. Il boit aussi sobrement
qu'il mange: une petite quantité d'eau lui suffit, mais il la veut claire et sans goût; il aime
à aller boire aux ruisseaux qui lui sont connus. Il a la vue bonne, l'odorat exquis et l'oreille excellente.
Il s'attache à son maître quoiqu'il en soit ordinairement maltraité. Il le sent de loin et le distingue
de tous les autres hommes. Il connaît aussi les lieux qu'il a coutume d'habiter et les chemins qu'il
a fréquentés. Il marche, il trotte, il galope comme le cheval, mais tous ses mouvements sont beaucoup
plus lents. Il peut courir avec assez de vitesse, mais il ne saurait courir longtemps, et si on le presse
il ne tarde pas à se fatiguer. Il a le pied beaucoup plus sûr que le cheval; il marche sans faire
de faux pas, dans les sentiers les plus étroits et les plus glissants. Comme il craint de se mouiller
les pieds, il se détourne pour éviter la boue et choisit toujours l'endroit le plus propre des chemins.

L'âne dort moins que le cheval, et ne se couche pour dormir que lorsqu'il est accablé de fatigue.

Il jouit d'une bonne constitution, et n'est pas à beaucoup près sujet à un aussi grand nombre de maladies que le cheval; on voit même qu'il n'en éprouverait aucune si on avait de lui les soins convenables. Il refuse de se baigner comme le cheval, et rarement on ne l'étrille jamais; il éprouve souvent le besoin de se rouler sur le gazon, sur les mardoux et sur la poussière. Lorsque cette fantaisie lui prend, il se couche sans s'inquiéter de ce qu'il porte sur le dos.

Lorsque l'âne est convenablement chargé, il porte des fardeaux plus pesants qu'aucun autre animal, eu égard à sa grosseur; mais il faut les placer sur la croupe, et non pas sur le dos comme on le fait ordinairement. Si on le surcharge ou que son harnais le blesse, il incline la tête, baisse les oreilles et refuse de marcher. Lorsqu'on le tourmente trop, il ouvre la bouche et retire les lèvres d'une manière très-désagréable; il se défend aussi avec les pieds et les dents contre ceux qui l'importunent et l'irritent.

L'âne est trois ou quatre ans à croître; il conserve sa force jusqu'à l'âge de quatorze ou quinze ans. Il peut vivre de vingt-cinq à trente ans; mais l'excès du travail et les mauvais traitements abrègent ordinairement la durée de son existence. On connaît son âge comme celui du cheval. On ferre les ânes qui traînent les voitures et qui marchent sur le pavé pour ménager la corne de leurs pieds. Leur couleur la plus commune est le gris souris; on en voit aussi de gris mélangés de roux, de noire. Ils sont tous marqués d'une raie noire qui s'étend sur le dos et le long des épaules en forme de croix.

La taille de l'âne varie infiniment, suivant les différents pays; la moyenne en France est de un mètre cinquante centimètres de longueur mesurée en ligne droite depuis l'entre-deux des oreilles jusqu'à la queue et de un mètre 10 à 15 centimètres de hauteur.

Comme la peau de cet animal est très-dure et très-élastique, on l'emploie utilement à différents usages: on en fait des cribles, du parchemin, des tambours et de très-bons souliers. C'est aussi avec le cuir de l'âne que l'on fabrique ce qu'on appelle la peau de chagrin, dont on fait des gaines, des étuis et des fourreaux pour diverses armes. Le lait d'ânesse est doux, rafraîchissant et plus léger que les autres laits; on en fait prendre avec succès aux personnes qui sont menacées ou atteintes de maladies de poitrine.

L'âne est un animal d'une grande ressource pour les personnes de la campagne, parce que comme nous l'avons dit, on peut se le procurer à bon marché, qu'il ne coûte presque rien à nourrir, et qu'il ne demande pour ainsi dire aucun soin. Le pauvre paysan qui ne peut acheter et entretenir un cheval, a presque toujours un âne et en tire bon parti. On l'emploie à semer, à recueillir, à porter le blé au moulin et les denrées au marché. On le sert quelquefois à la charrue, dans les pays où le labourage est facile, et son fumier est un excellent engrais pour les terres.

Comme ses allures sont douces et qu'il bronche moins que le cheval, on l'emploie aussi comme monture. Les Dames, les enfants qui n'oseraient se hasarder sur un cheval, n'hésitent pas à monter un âne, et prennent ainsi, sans se fatiguer, le plaisir de la promenade. Ainsi le même animal qui rend de si grands services aux pauvres habitants des campagnes, sert aussi à l'amusement des riches habitants des villes.

Le Chameau.

6.ᵉ Leçon.

Le chameau appartient aux quadrupèdes ruminants dont le front est dépourvu de cornes. Il est originaire d'Arabie et ne peut vivre que dans les pays chauds. En Arabie, il y a des déserts ou d'immenses plaines de sable dans lesquelles on ne trouve ni eau, ni herbe, ni pâturage, ni arbres du moindre Chameau les Arabes peuvent franchir ces espaces parce que cet animal qui les transporte eux et leurs marchandises, peut rester jusqu'à neuf ou dix jours sans boire par une chaleur brûlante, et qu'un petit morceau de pâte, une légère portion de fèves et d'orge suffit pour le nourrir pendant toute une journée.

Peu de jours après la naissance du chameau, on l'accoutume à plier les jambes sous le ventre, et à rester dans cette position pendant qu'on le charge de lourds fardeaux. Petit à petit on augmente le poids, jusqu'à ce qu'il soit habitué à porter tout ce que sa force permettent. On le dresse aussi à la course, et on parvient à le rendre aussi léger et plus robuste que les chevaux. Cet animal, même étant chargé, peut marcher jour et nuit, presque sans boire ni manger, sans s'arrêter, et faire 120 myriamètres en 8 jours. Lorsque par hasard il approche d'une source ou d'une mare, il la sent de plus d'un kilomètre; la soif lui fait doubler le pas, et il boit ainsi une seule fois pour le temps passé et pour le temps à venir. Il doit cette propriété à ce qu'une portion du plus grand de ses quatre estomacs est disposée de manière à conserver de l'eau qu'il fait remonter à sa bouche pour se désaltérer. La longueur moyenne du chameau est de 3 mètres 30 centimètres, sa hauteur de deux mètres; il a la tête petite et allongée les yeux gros et saillants; les oreilles courtes le front revêtu d'un duvet qui ressemble à de la laine et le cou en forme d'un S. Ce cou très long lui permet de cueillir les feuilles des arbres élevés, et ses lèvres flexibles lui servant à prendre les feuilles au milieu des épines dont les branches sont hérissées. Il a les cuisses et la queue très courtes, les jambes longues, le pied fourchu comme celui du bœuf et disposé de manière à marcher dans les sables

Tout son corps est revêtu de longs poils soyeux et plus recherchés que la laine.

On charge chacun des chameaux selon ses forces. Lorsqu'on leur impose une charge trop forte, ils se plaignent en poussant des cris lamentables et restent constamment couchés jusqu'à ce qu'on ait diminué leur fardeau. Les grands chameaux portent environ cinq à six cents kilogrammes, les petits trois cents environ. Dans ces voyages, on règle leur marche et pour ne pas les fatiguer, on ne leur fait faire qu'environ quatre myriamètres par jour; quoiqu'ils puissent en faire davantage.

La forme des chameaux n'est point agréable à l'œil. Ils sont difformes et paraissent gênés dans leurs mouvements. Ils ont des callosités ou durillons aux pieds, aux genoux, et devant à la poitrine, parce qu'ils s'appuient sur ces parties, soit pour dormir, soit en se mettant à genoux, pour donner à leur maître la facilité de les charger. Ils ont leur bosse au milieu du dos; une autre espèce de chameau que l'on nomme Dromadaire, ne porte qu'une bosse. Le Dromadaire est ordinairement plus petit et plus agile que le chameau. On le trouve dans le nord de l'Afrique, en Égypte, en Perse et dans la Tartarie méridionale. — Le chameau est pour les arabes un animal sacré, et effectivement, si Dieu ne l'avait fait naître dans les déserts de l'Asie et de l'Afrique, les habitants de ces pays ne pourraient ni subsister, ni commercer, ni voyager. Il leur fournit le lait dont ils font leur nourriture ordinaire. Sa chair est bonne à manger, quand l'animal est jeune. Le poil qui le couvre et qui se renouvelle tous les ans au printemps, ore fin et avec lequel sont à faire des vêtements. On tire même partie de ses excréments, quand ils sont desséchés, quelques-uns en poussière ils servent de litière, et qu'on en fait des mottes à brûler, chose précieuse dans un pays où il ne se trouve pas d'arbres. L'extrême sobriété du chameau, la docilité de son caractère et les services que l'homme en retrait rendent de la première utilité. Lorsqu'on entreprend un voyage, le chamelier (c'est le nom qu'on a donné aux conducteurs de chameaux) monte sur l'un d'entre eux, les précède et leur fait prendre la même façon qu'à sa monture. Quand les chameaux sont fatigués, on soutient leur courage par le chant ou par le son de quelque instrument. Jamais on ne leur donne de coups de fouet ou d'éperon, on les anime seulement en chantant; cela suffit pour activer leur marche. On ne leur accorde guère qu'une heure de repos par jour, et après ce temps les chameliers reprenant leurs chansons les remettent en marche. Le chant ne finit que quand il faut s'arrêter. Alors les chameaux s'accroupissent et se laissent tomber avec leur charge, ou leur ôte le fardeau en dénouant les cordes et laissant couler les ballots des deux côtés. Ils restent couchés sur le ventre et s'endorment au milieu de leur bagage qu'on rattache avec facilité.

Voici un exemple de la célérité de leur marche.

Une jeune femme arabe tomba malade subitement. Dans son délire, elle fut saisie d'un désir si violent d'avoir une orange pour en rafraîchir sa bouche desséchée, qu'elle serait infailliblement morte si elle n'eût été satisfaite; mais il n'y avait pas d'orange dans la ville, et pour s'en procurer il fallait aller à une distance de 12 myriamètres. Un parent de la malade sauta, au point du jour, sur son chameau et part. Pendant toute sa course, il ne cesse d'exciter sa monture par des paroles animées, et cet excellent animal, comme s'il avait compris l'intention de son maître, l'avait ramené un peu après la nuit tombée dans la ville qu'il avait quittée le matin. Les oranges apportées furent remises à la jeune femme malade et elle fut sauvée

Le Chien.

7.ᵉ Leçon.

Le chien n'est pas seulement remarquable par la beauté de ses formes, par sa vivacité, sa légèreté, sa force, il l'est surtout par de nombreuses qualités qui le rendent infiniment utile et précieux à l'homme. Il n'est pas d'animal susceptible d'un aussi vif attachement pour son maître; en tous lieux il cherche à lui plaire, il le consulte, il n'attend que d'un mouvement, un geste, un regard suffisent pour lui faire comprendre ce qu'on désire de lui, et il obéit à l'instant. Il est sensible aux caresses, au souvenir du bienfait, et il oublie sans peine les mauvais traitements. S'il fait une faute et qu'on veuille le punir, il vient avec docilité recevoir son châtiment, et il lèche la main qui le frappe. Qu'il ait mérité une punition ou qu'on la lui inflige injustement, il la subit avec la même résignation, il implore son maître par la plainte, il le désarme par sa patience et sa soumission. Vous avez sans doute vu de pauvres chiens dans le moment où l'on exerçait à leur égard toutes sortes de brutalités, vous avez vu remarquer qu'ils ne cherchaient pas à fuir; qu'ils rampaient ou se couchaient devant leur maître, qu'ils essaient volontairement exposés à ses coups, qu'ils se contentaient de tourner vers lui un regard suppliant, comme pour solliciter le pardon d'une faute, que souvent ils n'ont pas commise. Lorsque leur maître est apaisé, ils le reconnaissent au seul son de sa voix; ils l'interrogent du regard; ils jugent en un instant s'ils peuvent se hasarder à lui faire quelques caresses, à lui renouveler les marques de leur attachement.

C'est avec bien de la raison qu'on a fait du chien d'un emblème, le symbole de la fidélité; il n'oublie jamais celui qui l'a élevé, il le reconnaît après un dé- part même de plusieurs années, et le comble de caresses, partout où il le rencontre. Il s'attache au maître le plus pauvre comme au plus riche, et quand on vient à attaquer celui-ci il le défend avec courage, même au péril de sa vie. Il partage les privations de l'indigent; et il ne l'abandonnerait pas pour une condition meilleure. C'est toujours avec un vif regret qu'il se sépare de son maître; il ne demande qu'à le suivre, il voudrait ne pas le quitter d'un instant, l'accompagner partout. Il n'est véritablement heureux qu'avec lui, aussi souvent, faut-il insister pour le faire rester au logis, quand on ne veut pas l'emmener avec soi. Permettez-lui de vous suivre; il traversera, s'il le faut, une rivière à la nage, pour venir vous rejoindre. Nous avons vu un jour un chien de Terre-neuve suivre en nageant, jusqu'à une lieue en mer, son maître, qui allait faire une promenade en bateau. Arrivé à cette distance et voyant qu'on ne le prenait pas dans le canot, il revint sans doute qu'il n'avait plus assez de force que pour retourner au logis, et il rebroussa chemin. Tout le monde connaît l'histoire de ce chien d'un pauvre, qui suivit seul le corbillard de celui à qui il avait appartenu et l'accompagna jusqu'à sa dernière demeure. On pourrait multiplier ces exemples à l'infini, on n'aurait que l'embarras du choix.

Très-souvent on confie aux chiens la garde des maisons pendant la nuit, et ils s'acquittent de ce soin avec autant de zèle que de dévouement. Ils veillent, ils courent, ils font leur ronde. Ils semblent fiers de la confiance qu'on leur accorde, et paraissent deviner qu'on compte sur eux pour avertir. Aussi dès qu'un étranger s'approche et tente de s'introduire dans la maison, ils le sentent de loin et donnent l'alarme par des aboiements réitérés. S'il franchit la barrière et pénètre dans l'intérieur, ils deviennent furieux, se précipitent sur lui, le blessent, le déchirent par leurs morsures, et le forcent ainsi à la retraite. Leurs aboiements suffisent souvent pour éloigner les voleurs qui n'osent s'exposer à une lutte dangereuse avec des chiens aussi forts que ceux qui gardent ordinairement les fermes, les maisons de campagne et les châteaux. Ces animaux ne peuvent souffrir les mendiants et les gens mal vêtus; ils aboient ordinairement à leur approche, on croirait qu'ils savent que ce sont des importuns qu'ils regardent comme un devoir de chercher à les écarter.

A raison de sa prodigieuse intelligence, l'éducation du chien est très-facile et on l'instruit en peu de temps. On lui apprend à rapporter, à retrouver les effets perdus, à se tenir debout sur ses pattes de derrière, à sauter, à danser, à tourner sur lui-même, à faire la révérence ou la culbute, à porter des paquets avec sa gueule, à aboyer au commandement, à faire mille tours de gentillesse. Tout

Paris a connu un chien à qui l'on avait appris à jouer aux dominos.

Le chien sait exprimer ce qu'il éprouve, par son maintien, par son regard et surtout par le mouvement de sa queue. Il varie l'accent de sa voix suivant qu'il a de la douleur, de la joie, de l'inquiétude ou de la colère.

Parmi les chiens, celui qui a le plus d'instinct et d'intelligence est certainement le chien de berger. On a pas besoin de s'occuper longtemps de son éducation : il s'attache de lui-même à la garde des troupeaux ; il les surveille, il les dirige avec une habileté et une vigilance qu'on ne saurait trop admirer.

Les chiens de chasse, dont l'éducation est longue et difficile, se font aussi remarquer par leurs talents et par leurs qualités. Dès qu'ils entendent le bruit des armes, le son du cor, la voix du chasseur, ils marquent leur joie de mille manières et annoncent par leurs mouvements et par leurs cris d'impatience de poursuivre leur proie. Il en est plusieurs espèces : l'un, par la finesse de son odorat, sait trouver les traces du gibier, le suit pas à pas, et lorsqu'il n'en est plus qu'à une petite distance, il s'arrête sans faire le moindre mouvement, pour indiquer à son maître qu'il peut se préparer à tirer ; l'autre poursuit avec ardeur, et attaque avec courage des animaux plus grands et plus forts que lui, le cerf, le loup, le sanglier. En un mot, c'est à l'aide du chien que l'homme peut se procurer l'un des plaisirs les plus chers, et qu'il parvient à découvrir, à atteindre, à détruire des animaux sauvages et nuisibles.

Il est encore d'autres espèces de chiens qui se distinguent par leur instinct et leur intelligence. Le chien de Terre-Neuve est de ce nombre. Il se jette à l'eau sans hésiter, pour aller au secours des personnes qui se noient, et il parvient presque toujours à les sauver. Les chiens du Mont Saint-Bernard sont dressés à aller à la recherche des voyageurs égarés et que la neige empêche de retrouver leur chemin. Ces voyageurs saisis par le froid et gisant sur la terre glacée, seraient voués à une mort certaine, si ces excellents animaux ne les réchauffaient de leur haleine et ne leur servaient ensuite de guides, jusqu'à un couvent de religieux charitables où l'on est assuré de trouver l'hospitalité.

Il n'existe pas d'animal dont les espèces soient aussi nombreuses que celles du chien ; on en compte plus de trente. Toutes ces variétés diffèrent entre elles sous une infinité de rapports ; par la grandeur de la taille, la figure du corps, l'allongement du museau, la longueur, la direction des oreilles et de la queue, la couleur, la quantité et la qualité du poil. Il y a des chiens plus gros que des loups, et d'autres qui ne sont pas, à beaucoup près, aussi gros que des rats. Il en est qui ont le museau plat et le nez épaté, comme le Dogue et le Carlin; d'autres qui l'ont pointu et effilé, comme le Lévrier, le chien de berger, le chien-loup; quelques-uns ont le corps couvert de poils longs et épais, comme l'épagneul, le barbet; d'autres l'ont très-ras comme le chien braque, ou en sont entièrement dépourvus, comme le chien Turc. Il y en a qui ont les oreilles courtes, droites et pointues; d'autres qui les ont longues et pendantes. Certains ont l'odorat excellent, comme le chien de chasse; d'autres en ont fort peu, comme le Dogue, le Lévrier, le Mâtin et le grand Danois.

Des diverses espèces de chiens, les plus grands sont le grand Danois et le Mâtin; le plus fort est le Dogue; celui qui a le plus d'instinct est le chien de berger; celui qui court le plus vite est le Lévrier.

De quelque race que soient les chiens, lorsqu'on les transporte dans des pays extrêmement chauds, ils perdent, au bout de quelque temps, leur poil et leur voix; dans d'autres ils ne perdent que la faculté d'aboyer, ils hurlent comme les loups, ou glapissent comme les Renards. Les chiens deviennent aussi fort laids dans ces climats: ils ont le museau effilé, les oreilles longues et droites, la queue longue et pointue, enfin ils sont désagréables à la vue et plus encore au toucher.

Les chiennes ont ordinairement quatre ou cinq petits, à la fois; quelques-unes en ont jusqu'à douze. Les petits naissent avec les yeux fermés, ils ne commencent à les ouvrir qu'au dixième ou douzième jour. Dès le quatrième mois, ils perdent quelques-unes de leurs dents qui sont bientôt remplacées par d'autres qui ne tombent plus; ils en ont en tout quarante-deux. Au bout de dix mois le chien est dans sa force. La tendresse de la chienne pour ses petits est extrême; elle grogne et s'irrite lorsqu'on s'en approche. Si son maître les lui enlève, elle le suit d'un air inquiet et semble le prier de les lui rendre; si c'est un autre que son maître, elle se jette sur lui et le mord; si on les dépose par terre, elle les reporte avec sa gueule, l'un après l'autre à l'endroit où elle les allaite.

Le chien est environ deux ans à croître; la plus grande durée de sa vie est de quatorze à quinze ans; il en est, cependant, qui ont vécu jusqu'à l'âge de vingt ans, mais c'est une exception assez rare. On peut connaître l'âge du chien par les dents, qui, dans sa jeunesse, sont blanches, tranchantes, et pointues, et qui à mesure qu'il vieillit, deviennent noires et inégales.

On le connaît aussi par son poil, qui, dans les vieux chiens, blanchit sur le museau et autour des yeux.

Le chien s'accommode de toutes sortes d'aliments, mais il aime la viande par-dessus tout. On lui donne ordinairement les restes de la table. Il broie avec facilité les os qu'on lui jette, il en exsuce le suc, et quand ce sont des os tendres ou de volailles, il les brise, les avale et les digère.

Le chien est sujet à plusieurs maladies. Quand il est jeune, il est attaqué d'une espèce de gourme qu'on appelle maladie des chiens, et à laquelle il n'est pas rare de le voir succomber. Souvent, lorsqu'il se sent malade il se guérit lui-même en mangeant du chiendent qu'il sait parfaitement distinguer des autres herbes. Mais sa maladie la plus dangereuse est la rage. On dit qu'il la contracte lorsqu'il a été privé pendant plusieurs jours de boire ou de manger. Quand il en est atteint, il s'élance indifféremment sur les hommes et sur les animaux; il les mord et leur communique par sa morsure la même maladie qui est toujours mortelle, si on n'a pas le soin de faire aussitôt brûler ou cautériser profondément la blessure, et encore ne réussit-on pas toujours à s'en préserver par ce moyen.

Dans certains pays on trouve encore des chiens sauvages. Ils vivent en société, et quand ils sont pressés par le besoin, ils se réunissent en troupes nombreuses pour attaquer les ennemis les plus redoutables.

Pour rappeler en peu de mots les qualités particulières au chien et les services qu'il rend à l'homme, nous dirons que c'est le seul animal dont la fidélité soit à l'épreuve, le seul qui connaisse toujours son maître et les amis de la maison, le seul qui, lorsqu'il arrive un inconnu, s'en aperçoive, et à qui l'on puisse confier la garde des habitations et des troupeaux; le seul enfin qui entende son nom et qui reconnaisse la voix qui l'appelle. Dans un voyage long, qu'il n'aura fait qu'une fois, il se souvient du chemin qu'il a parcouru et retrouve sa route. Lorsqu'il a perdu son maître il l'appelle par ses gémissements. Il est l'ami de l'homme; il le seconde en mille circonstances par son odorat, par sa vitesse, par son instinct; il veille à sa sûreté, il le défend, il le flatte, et lui est fidèle au delà du tombeau. Il sait par ses caresses réitérées, par son obéissance, par ses services, par ses efforts pour plaire à son maître, mériter tout son attachement et s'en faire un protecteur. Après nous avoir servi pendant sa vie, le chien nous est encore utile après sa mort: sa graisse entre dans la composition des perles fausses, sa peau sert à faire des gants et des bas pour les personnes atteintes de certaines maladies de jambes, lorsqu'elle est garnie de poils longs et fins on en fait des fourrures grossières.

Le Chat.

8ᵉ Leçon.

Le chat est aussi un animal domestique, mais il ne mérite ce nom que parce qu'il habite avec nous dans nos maisons, car c'est un domestique très-infidèle et même un voleur déterminé. Il est naturellement méchant, d'un caractère faux dont la perversité augmente encore avec l'âge. Il a autant de goût pour le vol que d'adresse pour le commettre. Quand il veut exécuter quelque mauvais projet, il sait cacher sa marche, épier l'occasion favorable et saisir l'instant le plus propice pour faire son coup. On le voit se tapir au bord d'un trou, dans une position ramassée, occupant le moins d'espace possible, les yeux fermés en apparence, et cependant assez ouverts pour distinguer sa proie, en saisir les moindres mouvements ; son oreille est au guet, rien ne lui échappe. Les chats n'exercent leurs talents que contre les plus petits animaux. Ils se mettent à l'affût près d'une cage, ils épient les oiseaux, les souris, les rats, les mulots, les chauve-souris, les taupes, les crapauds, les grenouilles, les jeunes lapins et les levrauts. Ils deviennent d'eux-mêmes et sans être dressés, plus habiles à la chasse que les chiens les mieux instruits. Ils n'ont pas l'odorat fin, comme le chien ; aussi ne poursuivent-ils pas les animaux qu'ils ne voient plus, mais ils les attendent, les attaquent par surprise ; et après s'en être amusés longtemps, ils les tuent même sans nécessité et sans être pressés par la faim. Il en est qui mangent les souris qu'ils attrapent, d'autres qui se contentent de les tuer sans les manger ; mais, avant de les mettre à mort, ils leur font presque toujours subir un long supplice. Ils les laissent courir sans avoir l'air de s'en occuper, comme s'ils les avaient oubliées. La pauvre souris espère qu'il lui sera encore possible de regagner son trou, elle entreprend le chemin ; mais au moment où elle y touche, où elle va y rentrer, le chat se précipite sur elle d'un seul bond, ressaisit sa proie,

et continue le même manège jusqu'à ce que la souris épuisée de fatigues, frois-
sée par les coups de pattes et blessée par les coups de dents qu'elle a reçus
succombe enfin à cette longue agonie. Ces animaux voient mal pendant le
jour et ils le passent presque tout entier à dormir, mais ils y voient
parfaitement la nuit, et ils profitent de cet avantage pour guetter leur
proie, pour la surprendre et l'attaquer. Ils prennent toutes les précautions possibles
pour n'être pas aperçus; ils se glissent dans l'ombre pour ne pas donner l'éveil,
ils posent doucement la patte pour faire moins de bruit et retiennent jusqu'à
leur haleine. En général, ils ne poursuivent pas à la course les animaux
qu'ils veulent atteindre, ils fondent sur eux par un ou plusieurs bonds qu'ils
exécutent avec la plus grande facilité. Il devient d'autant plus difficile de leur échapper,
que rien n'est plus sûr que leur coup d'œil, et qu'ils calculent parfaitement la portée de leur saut.

Les chiens sont ennemis des chats, et il est bien rare de voir ces animaux vivre
en bonne intelligence. Lorsque le chat est attaqué, son poil se hérisse, surtout
le long du dos, qui se voûte à l'instant en signe de colère; ses griffes ordinairement cachées sous ses pattes, se montrent tout à coup pour déchirer l'ennemi.
Sa queue se redresse, ses oreilles se penchent en arrière et s'appliquent contre les côtés
de sa tête; sa gueule s'ouvre et laisse apercevoir des dents aiguës: ses yeux sont brillants
et enflammés. Il fait entendre un bruit qui fait reculer même les plus gros chiens.

Les chats marchent toujours obliquement et regardent de travers, ils ne
s'approchent qu'en prenant des détours. Leur langue est hérissée de pointes
aiguës, recourbées en dedans, elle écorche quand elle lèche. Ils ne peuvent
marcher que lentement et difficilement. Leurs dents sont si courtes et si mal
posées qu'elles ne servent qu'à déchirer et non pas à broyer les aliments, aussi cherchent
ils de préférence les viandes les plus tendres. Ils aiment infiniment le poisson et le
mangent également cuit et non cuit, ils boivent fréquemment; ils craignent beaucoup
l'eau, et quoiqu'ils sachent nager naturellement, on ne les voit jamais s'y jeter, quelque
peu profonde qu'elle soit, même pour saisir les poissons qui s'y trouveraient à leur portée
et dont ils sont très-friands.

Le chat est un joli animal, léger, adroit et propre, son poil est toujours net et lustré. Il
redoute le froid et les mauvaises odeurs, il aime à se tenir au soleil, il recherche les endroits
les plus chauds, le voisinage des cheminées et des fours; il aime les aises et se couche de
préférence sur des meubles les plus doux. Il affectionne aussi les parfums et se laisse volontiers prendre et caresser par les personnes qui en portent. L'odeur de la plante
qu'on appelle l'herbe aux chats le transporte de plaisir. On est obligé pour conserver

cette plante dans les jardins, de l'entourer d'un treillage fermé, les chats la sentant de loin, accourent pour s'y frotter, passent et repassent si souvent par-dessus qu'ils la détruisent en peu de temps.

Comme les chats sont sujets à dévorer leurs petits, les chattes les cachent dans des trous ou dans des endroits écartés. Elles prennent un soin particulier de ces petits, qui sont ordinairement au nombre de 5 ou 6. Elles se jettent avec fureur sur les chiens et les autres animaux qui voudraient en approcher. Lorsqu'on les inquiète trop, elles se servent de leur gueule pour prendre leurs petits par la peau du cou et les transporter dans un autre lieu. Après les avoir allaités pendant quelques semaines, elles leur apportent des souris, de petits oiseaux et les accoutument de bonne heure à manger de la chair.

Les jeunes chats sont remplis de grâce, ils jouent quelquefois pendant plusieurs heures avec une boule de papier, en la faisant rouler d'un coup de patte et en se précipitant aussitôt pour la rattraper. S'ils voient quelque objet suspendu, tiré ou remué, ils y sautent aussitôt, ils tâchent de l'attraper avec leur gueule ou leurs griffes; tantôt ils reculent, tantôt ils avancent, ils le saisissent de nouveau, le lâchent, le reprennent, le frappent, le jettent en l'air, le tout avec une vivacité presque incroyable. Enfin, à défaut d'autre objet, ils mordent souvent leur propre queue, ils la font jouer entre leurs pattes, puis ils s'enfuient comme effrayés et tout à coup ils reviennent avec un air fier et menaçant, de sorte que, par leurs jeux, par leurs sauts, leurs bonds, leur adresse et leurs gesticulations étonnantes, ils amusent beaucoup les enfants qui prennent plaisir à les caresser. Mais on ne saurait trop recommander de ne les toucher qu'avec précaution, car quoique leur badinage soit toujours agréable et léger, il n'est presque jamais innocent, et ils égratignent souvent dans le moment où on y pense le moins.

Le chat s'affectionne à la maison où il a été élevé, ou qu'il habite depuis quelque temps, il continue d'y demeurer lorsque son maître s'en éloigne. En cela, il diffère du chien qui suit son maître partout où il va. Il y a cependant des chats susceptibles d'attachement, et on en a vu mourir de chagrin de la perte de leur maître. On en a vu suivre comme les chiens, à de grandes distances dans la campagne, celui auquel ils s'étaient affectionnés, et d'autres venir rejoindre de plus de quinze lieues les personnes qui les avaient élevés. Nous nous contenterons de citer ici une preuve remarquable de l'intelligence et de l'attachement d'un chat: son maître rentra un soir assez tard, rapportant une forte somme d'argent qu'il touchait chaque année le même jour. À peine eut-il ouvert la porte de sa chambre que l'animal fidèle qui ne quittait presque jamais cette pièce, se précipite au devant de lui en miaulant d'un ton lamentable, se tenant dans ses jambes de manière à embarrasser sa marche et comme pour l'empêcher d'aller plus loin. Enfin il se lance sur sa poitrine en fixant ses yeux sur l'alcôve; le maître flatte son chat de la voix et de la main, mais celui-ci paraît insensible à ses caresses, puis il s'approche de l'alcôve; alors le chat saute à terre, se tient au bord du lit, son dos s'élève en se courbant, ses oreilles se couchent, son poil se hérisse, sa queue s'agite avec violence, tout en lui exprime la fureur. Le maître se baisse, aperçoit un pied et conservant toute sa présence d'esprit, il se relève en prenant le chat dans ses bras en lui disant: « viens mon Bibi, je t'ai laissé trop longtemps renfermé; tu meurs de faim, pauvre animal, viens, viens prendre ta pâtée. » A ces mots, il sort emportant son chat, ferme la porte à double tour, appelle du secours; on entre, on trouve sous le lit un misérable armé d'un poignard: sans le pauvre chat, le vol eût été commis et peut-être même un assassinat.

Ces faits prouvent que, quelque perverses que soient les inclinations du chat, elles se corrigent, elles se transforment en un caractère aimable et doux, lorsqu'il est traité avec ménagement, et qu'on l'a habitué aux soins, aux caresses, à la familiarité.

On cite de nombreux exemples de chattes qui ont nourri de leur lait des écureuils, des chiens, des lapins et qui eurent pour ces animaux beaucoup d'affection; d'autres vivent dans l'union la plus intime avec des oiseaux et ne leur font aucun mal. L'éducation parvient donc à améliorer le caractère du chat.

La couleur du poil du chat est très-variée; il y en a de blanc, de noir, de roux, de gris; il y en a aussi beaucoup de tigrés, et de deux ou trois couleurs. D'autres ont des bandes noires sur le corps et des anneaux de la même couleur sur la queue et sur les jambes. La longueur ordinaire du corps entier du chat est de 50 à 55 centimètres, sa hauteur est de 20 à 25 centimètres. Un chat tombant de très haut se retrouve toujours sur les pattes, et souvent quoique précipité de l'étage le plus élevé d'une haute maison, il tombe avec tant de légèreté, qu'il se met à courir au moment même de sa chute. Ils ne vivent guère au delà de neuf à dix ans, et cependant ils sont très-durs à la souffrance, se remettent en peu de temps de leurs blessures et ont plus de vigueur que d'autres animaux qui vivent plus longtemps. On trouve dans les grandes forêts des chats sauvages qui sont de plus grande taille que les chats domestiques, ils font une grande destruction de petit gibier.

L'utilité du chat consiste principalement à nous délivrer des rats et des souris. Sa chair ne se mange qu'à défaut d'autre nourriture; elle n'est pas d'un goût désagréable et ressemble beaucoup à celle du lapin. Sa peau est employée pour les fourrures; son poil, mêlé avec de la laine, se file; on en fait des bas et des gants.

La Poule.

9ᵉ. Leçon.

La poule est un oiseau domestique doublement précieux, en ce que sa chair et ses œufs offrent constamment à l'homme une nourriture délicate et abondante. C'est la femelle du coq, et l'on ne saurait parler de l'une sans dire aussi quelques mots de l'autre.

Le coq est un oiseau pesant dont la démarche est grave et lente. Comme il a les ailes fort courtes, il ne vole que rarement, et quelquefois avec des cris qui expriment qu'il fait un effort. Il est remarquable par la beauté de sa taille, par la fierté de son regard, par le rouge brillant de sa crête, qui est dentelée comme une scie, par la variété et la vivacité de ses couleurs et surtout par la forme agréable de sa queue, qui ne ressemble à celle d'aucun autre oiseau. Chacun de ses pieds est armé d'un ergot ou éperon pointu, qui a quelquefois plus de 10 centimètres de longueur et dont il se sert pour combattre ses ennemis.

Le coq chante indifféremment la nuit et le jour, il annonce le lever du soleil; c'est une espèce de réveil-matin, une horloge vivante pour les habitants de la campagne.

Il a beaucoup de soin et beaucoup d'inquiétude pour ses poules, et ne les perd guère de vue; il les conduit, les défend, les menace, va chercher celles qui s'écartent, les ramène, et ne se livre au plaisir de manger que lorsqu'il les voit toutes manger autour de lui. Il ne souffre pas un autre coq dans la basse-cour; il en est jaloux, le poursuit, le combat à outrance. = La poule diffère du coq en ce que sa queue n'est pas garnie de plumes qui se recourbent, elle est presque droite, et cependant elle peut s'incliner du côté du cou. Sa voix n'est pas non plus la même, quoiqu'il y ait quelques poules dont le cri se rapproche de celui du coq, c'est-à-dire qu'elles font le même effort du gosier, mais elles ne produisent pas le même son car leur voix n'est pas si forte et le cri n'est pas si bien articulé. Le cri habituel de la poule s'appelle glousse-ment. La poule n'a pas d'ergots comme le coq, il y a cependant quelques exceptions, mais elles sont rares. Les proportions de son corps sont en général plus légères que celles du coq; cependant elles ont les plumes plus larges et les jambes plus hautes.

Tous ces oiseaux sont pesants, à vol court. Leur bec est voûté, leurs pieds ont ordinairement quatre doigts, trois en avant et un en arrière, les plumes sortent deux à deux de chaque tuyau.

Ils grattent la terre avec leurs pattes pour chercher leur nourriture. Ils avalent autant de petits cailloux que de grains et n'en digèrent que mieux. Ils boivent, en prenant de l'eau dans leur bec, et en levant la tête chaque fois pour l'avaler. Ils dorment le plus souvent un pied en l'air et en cachant leur tête sous l'aile du même côté.

Les coqs ne pondent pas, les poules pondent toute l'année, excepté pendant la mue qui dure ordinairement six semaines ou deux mois et qui a lieu sur la fin de l'automne ou au commencement de l'année. Cette mue n'est autre chose que la chute des vieilles plumes, qui poussées par les nouvelles se détachent comme les vieilles feuilles des arbres, ou comme le vieux bois des cerfs. Il y a des poules qui pondent tous les deux ou trois jours, d'autres tous les jours, quelques-unes, mais en petit nombre, jusqu'à deux fois par jour. Généralement à trois ou quatre ans elles ne pondent plus.

Les œufs de poules sont entièrement blancs. Le poids moyen d'un œuf ordinaire est d'environ cinquante grammes. Le jaune se trouve au milieu de l'œuf, le reste est rempli par le blanc.

Lorsqu'une poule a pondu vingt-cinq ou trente œufs, elle éprouve le désir de couver, elle indique ce besoin par un gloussement particulier; si elle n'a pas les propres œufs, elle couve indifféremment et avec la même ardeur ceux d'une autre poule ou même ceux d'un oiseau d'une autre espèce; enfin à défaut d'œufs véritables, elle couve même des œufs de pierre ou de craie. Lorsque la poule trouve des œufs à couver, ou qu'on en place dans un endroit écarté et propice, elle se pose dessus, les environne de ses ailes, les échauffe de sa chaleur, les remue doucement les uns après les autres comme pour leur communiquer à tous un degré de chaleur égal; elle se livre tellement à cette occupation qu'elle en oublie le boire et le manger. Elle n'omet aucune espèce de soin ni de précaution pour amener à bien sa couvée. Petit à petit le poulet se développe dans l'œuf; et lorsqu'il est complètement formé il brise sa coquille avec son bec, et il en sort couvert seulement d'un léger duvet, qui plus tard se change en plumes. C'est ordinairement vers le vingt et unième jour que le poulet se débarrasse de l'enveloppe d'écaille dans laquelle il était emprisonné. On parvient aisément à faire éclore des œufs sans le secours de la poule et à en faire éclore un très-grand nombre à la fois: pour cela, on les met dans un endroit chaud, comme un four ou une étuve en y entretenant une chaleur aussi égale que possible à celle de la poule, et par ce moyen, on obtient aussi des poulets; mais il faut infiniment de précaution pour les élever. Lorsque les poulets sont éclos, la tendresse de la poule pour eux augmente chaque jour, à raison des soins nouveaux qu'exige leur faiblesse. Sans cesse elle est occupée d'eux; elle ne s'occupe de la nourriture que pour eux; si elle en a point, elle gratte la terre avec ses ongles pour y découvrir quelque grain quelques vermisseaux, et elle s'en prive en faveur de ses poussins. Elle les rappelle lorsqu'ils s'éloignent, les met sous ses ailes pour les abriter contre le froid ou la pluie et les couve ainsi une seconde fois. Elle se livre à ces tendres soins avec tant d'ardeur que sa constitution en est altérée et qu'il est facile de distinguer des autres poules une mère qui mène ses petits, soit à ses plumes hérissées et à ses ailes traînantes, soit au son enroué de sa voix et à l'expression particulière de ses cris. Il faut voir avec quel courage elle s'expose à tous les dangers pour les défendre. Aperçoit-elle un oiseau de proie, cette mère si faible, si timide, qui, en toute autre circonstance, chercherait à lui échapper par la fuite, devient intrépide par attachement pour ses petits; elle s'élance au devant de l'ennemi, et par ses cris redoublés, ses battements d'ailes et son audace, elle impose souvent à l'oiseau carnassier qui ne prévoyait pas une telle résistance, s'éloigne et va chercher ailleurs une proie plus facile.

On fait quelquefois couver par la poule des œufs de cane ou de tout autre oiseau d'eau: elle a pour les petits qui naissent la même affection que pour ses propres poussins. Elle croit que ce sont ses enfants, et lorsque, poussés par leur instinct, ils vont se plonger dans une mare ou dans une pièce d'eau, c'est un spectacle curieux et singulier de voir la surprise et les inquiétudes de la pauvre poule, qui voudrait les suivre, mais qui éprouve pour l'eau une répugnance invincible. Elle s'agite sur le rivage, elle tremble et se désole en voyant toute sa couvée qu'elle croit dans un grand danger sans qu'elle ose aller à son secours.

Les poules vivent de grains, de pain, de vers et d'insectes. En hiver, on les nourrit avec des raineries de grains, mêlés de quelques herbes qu'on hache, ou de quelques fruits et de son bouilli. Lorsqu'on veut qu'elles pondent, on leur donne de l'avoine, de l'orge, de la vesce, du millet. Elles trouvent une nourriture abondante dans les fermes, dans les écuries et dans tous les endroits où il y a du fumier de chevaux.

On trouve des poules dans tous les pays, et la couleur du plumage de ces oiseaux est extrêmement variée. Il y en a de blanches, noires, fauves dorées, argentées, marquetées de noir et de chamois &c. Il y en a qui portent une huppe sur la tête, de blanches à huppe noire, de noires à huppe blanche &c. On préfère généralement les poules noires parce qu'on a remarqué qu'elles pondent davantage, et qu'à raison de leur couleur elles échappent plus facilement à la vue des oiseaux de proie qui planent sur les basses-cours.

Les poules ont aussi une crête sur la tête, mais elle n'existe pas au moment de leur naissance; ce n'est qu'au bout d'un mois qu'elle commence à se développer. Elles prennent leur accroissement jusqu'à l'âge d'un an; elles peuvent vivre jusqu'à quinze ans.

Lorsque les poulets sont jeunes, leur chair est délicate et recherchée, au lieu que les poules vieillissent, elles deviennent dures et ne se mangent plus que bouillies.

Les œufs de poule offrant partout une nourriture saine et abondante, on les fait servir à une foule d'usages et à la préparation d'une infinité de mets. On les emploie dans la cuisine et surtout dans la pâtisserie.

Les plumes du coq entrent dans divers ornements; celles de sa queue servent particulièrement à faire des plumeaux pour épousseter les meubles.

Le Canard.

10.ᵉ Leçon.

Le Canard est un oiseau qui passe une partie de sa vie sur l'eau; il est à peu près de la grosseur d'une poule; son bec est large, épais, dentelé sur les bords; sa langue est également épaisse, et l'extrémité en est très dure.

Sa queue est courte, ses jambes sont placées fort en arrière, de sorte qu'il éprouve de la difficulté pour marcher et garder l'équilibre sur terre, sa démarche chancelante lui donne un air lourd que l'on prend pour de la majesté; mais lorsqu'il est dans l'eau, on reconnaît la facilité de ses mouvements, et presque même la finesse de son instinct. Le plumage du canard est de diverses couleurs, ceux qui sont gris ou noirs, noirs et blancs sont les plus communs; les blancs sont les plus rares.

On distingue deux principales sortes de ces oiseaux: les canards domestiques et les canards sauvages. — Les Canards Domestiques sont ceux que l'on élève et qui séjournent dans les Basses-Cours; ils y forment une des plus utiles et des plus nombreuses familles de nos volailles. La femelle du Canard s'appelle Cane. Elle est moins grosse et d'une couleur plus foncée que le canard; outre ces différences le mâle est encore distingué par quelques plumes de la queue qui se relèvent en forme de crochet. Comme ces animaux se plaisent beaucoup dans l'eau, et même plus que sur terre, il faut, quand on veut en élever, ce qu'ils aient à leur portée une pièce d'eau, une mare, un ruisseau ou une rivière où ils puissent se plonger et tremper leurs aliments pour les amollir. Il faut leur donner à manger soir et matin dans le même lieu. Les canes pondent depuis le mois de mars jusqu'à la fin de Mai, leurs œufs ressemblent à ceux des poules et sont de la même grosseur, les petits que l'on nomme Canetons sont trente et un jours à éclore. On leur donne à manger du son, des herbes hachées, du gland, des restes de viande et de soupe, de petits poissons. Plus tard leur nourriture ordinaire se compose d'insectes, de grenouilles, de graines, de plantes marécageuses. Les Canards domestiques les plus communs sont ceux que l'on nomme barotteurs, parce qu'ils ont toujours le bec dans la bourbe, comme pour la sucer et y chercher des vers et des insectes.

Cet oiseau est fort utile, il coûte peu à nourrir: sa chair est très bonne à manger, quoique d'une digestion assez difficile. Les plumes de son estomac et du ventre fournissent un duvet qui sert à faire des objets de coucher, tels que des oreillers, des traversins, &c.

Les canards sont comme les autres oiseaux sujets à la mue, et il s'écoule environ un mois avant qu'ils soient recouverts d'autres plumes. Les canards sauvages fuient les hommes, se tiennent constamment sur les eaux, et ne font pour ainsi dire, que passer et repasser en hiver dans nos contrées; ils retournent au printemps dans les pays du Nord. C'est vers le milieu du mois d'octobre que paraissent en France les premiers canards sauvages; leurs bandes d'abord petites, sont suivies, sans nombre, par d'autres plus nombreuses. On reconnaît ces oiseaux à leur vol élevé et au triangle que forme leur troupe en l'air, et lorsqu'ils soutiennent arrivée des pays froids, on les voit continuellement voleter, se porter d'un étang, d'une rivière à une autre. C'est alors que les chasseurs en prennent un grand nombre, soit pour des pièges, soit par des filets. La chasse au canard demande beaucoup d'adresse, parce que ces oiseaux sont très défiants: jamais ils ne se reposent qu'après avoir bien examiné le lieu où ils voudraient s'abattre, afin de reconnaître s'il ne cache aucun ennemi; ils se tiennent toujours éloignés des rivages; quelques-uns d'entre eux veillent à la sûreté de tous et donnent l'alarme dès qu'il y a péril. Lorsque ces oiseaux voyagent, ils se disposent en deux colonnes, celui qui est placé au sommet fend les airs et facilite le vol des deux colonnes qui le suivent; lorsqu'il est fatigué il va se placer à la queue; celui qui était derrière lui prend sa place, et ainsi de suite, chacun à son tour devient le conducteur.

C'est principalement le soir et même la nuit qu'ils prennent leur volée, soit pour chercher leur nourriture, soit pour voyager.

Quand la poule sauvage couve et qu'elle veut quitter ses œufs, même pour peu de temps, elle les enveloppe dans le duvet qu'elle s'est arraché pour en garnir son nid. Elle ne s'y rend jamais en volant, elle se pose toujours plus loin, et pour y arriver, elle marche avec défiance, en observant s'il n'y a pas d'ennemis; mais lorsqu'une fois elle est posée sur ses œufs, l'approche même d'un homme ne les lui fait pas quitter.

Le canard sauvage est plus estimé que le canard domestique, sa chair en est plus saine et de meilleur goût.

FIN

Imprimerie Panckoucke, rue des Poitevins, 14.

www.ingramcontent.com/pod-product-compliance
Lightning Source LLC
LaVergne TN
LVHW052035060726